高等学校规划教材

化工原理实验

李冬光　张　雷　主编

化学工业出版社
·北京·

内容简介

全书共分7章,内容包括实验参数的测量技术、实验误差的估算与分析、实验数据处理、实验设计、化工原理基本实验、化工原理演示实验等内容,强调在实验过程中培养学生的实验设计、实验实施和数据处理方面的能力,进而提高学生的创新能力。

《化工原理实验》可作为普通高等学校化工及相关专业学生化工原理实验课程的实验教材或教学参考书。

图书在版编目(CIP)数据

化工原理实验/李冬光,张雷主编. —北京:化学工业出版社,2022.3
ISBN 978-7-122-40639-2

Ⅰ.①化… Ⅱ.①李… ②张… Ⅲ.①化工原理-实验
Ⅳ.①TQ02-33

中国版本图书馆 CIP 数据核字(2022)第 018049 号

责任编辑:李 琰　宋林青　　　　　　　装帧设计:关　飞
责任校对:宋 玮

出版发行:化学工业出版社(北京市东城区青年湖南街13号　邮政编码100011)
印　　装:北京天宇星印刷厂
787mm×1092mm　1/16　印张10¼　字数243千字　2022年5月北京第1版第1次印刷

购书咨询:010-64518888　　　　　　　售后服务:010-64518899
网　　址:http://www.cip.com.cn
凡购买本书,如有缺损质量问题,本社销售中心负责调换。

定　　价:32.00元　　　　　　　　　　　　　　　　　版权所有　违者必究

前 言

化工原理实验是化工原理课程教学体系的重要组成部分，是培养学生工程观念、提高学生综合素养的重要途径，要求学生能够综合运用已学过的理论知识进行实验设计、实验实施和数据处理与分析，通过实验结果验证化工单元操作中所涉及的相关理论、现象和结论，从而进一步巩固所学的理论知识。同时通过实验掌握基本实验研究和实验数据处理方法，提高实验操作技能和相关仪器仪表的使用能力，培养学生的创新意识和分析解决复杂背景下工程实际问题的能力。

本书主要包括实验参数的测量技术、实验误差的估算与分析、实验数据处理、实验设计、化工原理基本实验、化工原理演示实验等内容，强调在实验过程中全面培养和提高学生在设计、实施和数据处理方面的能力，进而提高学生的创新能力。

全书共分 7 章，具体编写分工如下：第 1 章张雷，第 2 章与附录李冬光，第 3、4、5 章张艳丽，第 6、7 章张雷、白红娟。李冬光、张雷为主编，张艳丽、白红娟为副主编，全书由李冬光统编、定稿。

本书的编写得到河南工业大学化学化工学院领导的大力支持，同时，在编写过程中，化工系的教师们在工作上给予了各种协助，为教材的组织编写和稿件的顺利完成提供了有力的支持，在此表示衷心感谢。

由于编者水平有限，书中不妥及疏漏之处在所难免，希望读者能够提出宝贵意见并不吝指正，以便今后修订改进。

编者
2021 年 12 月

目录

第1章 绪论 / 1

1.1 化工原理实验的目的和意义 1
1.2 实验要求 1
 1.2.1 实验前的准备工作 1
 1.2.2 实验操作过程 2
 1.2.3 数据处理 2
 1.2.4 撰写实验报告 3
1.3 实验室安全知识 4
 1.3.1 防火安全知识 4
 1.3.2 用电安全知识 5
 1.3.3 使用高压钢瓶的安全知识 5

第2章 实验参数的测量技术 / 7

2.1 概述 7
 2.1.1 测量误差 7
 2.1.2 仪表主要性能指标 7
2.2 压力测量技术 10
 2.2.1 液柱式压力计 10
 2.2.2 弹簧管式压力表 11
 2.2.3 压力传感器 11
 2.2.4 仪表选用 13
2.3 流量测量技术 13
 2.3.1 速度式流量计 14
 2.3.2 容积式流量计 16
 2.3.3 质量流量计 18
2.4 温度测量技术 19
 2.4.1 热电偶温度计 20
 2.4.2 热电阻温度计 22
 2.4.3 膨胀式温度计 23
 2.4.4 辐射式温度计 24
2.5 液位测量技术 24
 2.5.1 玻璃管液位计 24

  2.5.2 差压式液位计 …………………………………………………………… 25
  2.5.3 磁翻板液位计 …………………………………………………………… 26

第3章　实验误差的估算与分析 / 27

3.1 误差的基本概念 ……………………………………………………………… 27
  3.1.1 测量 ……………………………………………………………………… 27
  3.1.2 真值 ……………………………………………………………………… 27
  3.1.3 误差的表示方法 ………………………………………………………… 28
  3.1.4 准确度、精密度与正确度 ……………………………………………… 29
  3.1.5 误差的来源 ……………………………………………………………… 30
  3.1.6 误差的分类 ……………………………………………………………… 31
  3.1.7 有效数字 ………………………………………………………………… 33
3.2 随机误差 ………………………………………………………………………… 34
  3.2.1 随机误差的正态分布 …………………………………………………… 34
  3.2.2 随机误差的 t 分布 ……………………………………………………… 35
3.3 可疑值的判断与处理 …………………………………………………………… 36
  3.3.1 拉依达准则 ……………………………………………………………… 37
  3.3.2 肖维勒准则 ……………………………………………………………… 37
  3.3.3 格拉布斯准则 …………………………………………………………… 37
3.4 测量结果的区间估计 …………………………………………………………… 39
3.5 间接测量中误差的估计 ………………………………………………………… 40
  3.5.1 误差传递的一般公式 …………………………………………………… 40
  3.5.2 标准误差的传递 ………………………………………………………… 41
3.6 误差分析应用示例 ……………………………………………………………… 43
  3.6.1 直径 d 的相对误差 ……………………………………………………… 43
  3.6.2 水柱高度差 ΔR 的相对误差 …………………………………………… 44
  3.6.3 流量 V_s 的相对误差 …………………………………………………… 44

第4章　实验数据处理 / 45

4.1 实验数据的列表处理 …………………………………………………………… 45
4.2 实验数据的图形表示 …………………………………………………………… 46
  4.2.1 坐标系的选择 …………………………………………………………… 46
  4.2.2 坐标分度的选择 ………………………………………………………… 47
  4.2.3 图形的绘制 ……………………………………………………………… 48
4.3 实验数据的方程表示 …………………………………………………………… 48
  4.3.1 函数类型的确定 ………………………………………………………… 49
  4.3.2 模型中常数的确定 ……………………………………………………… 50

第5章 实验设计 / 63

- 5.1 概述 ··· 63
  - 5.1.1 析因实验 ··· 63
  - 5.1.2 过程模型参数的确定实验 ··· 63
- 5.2 实验范围选择与实验布点 ·· 64
- 5.3 正交实验设计 ·· 64
  - 5.3.1 基本概念 ··· 64
  - 5.3.2 用正交表安排实验 ··· 68
  - 5.3.3 实验结果的分析 ·· 71
- 5.4 均匀实验设计 ·· 77
- 5.5 序贯实验设计 ·· 78

第6章 化工原理基本实验 / 79

- 6.1 离心泵特性曲线测定实验 ·· 79
- 6.2 孔板流量计流量系数测定实验 ·· 84
- 6.3 单相流体流动阻力测定实验 ·· 87
- 6.4 过滤常数测定实验 ·· 93
- 6.5 对流传热系数测定实验 ··· 98
- 6.6 填料吸收塔传质单元高度测定实验 ··· 105
- 6.7 板式精馏塔全塔效率测定实验 ·· 112
- 6.8 干燥速率曲线测定实验 ··· 120

第7章 化工原理演示实验 / 125

- 7.1 流体静力学演示实验 ··· 125
- 7.2 伯努利演示实验 ·· 129
- 7.3 雷诺演示实验 ·· 131
- 7.4 流线（轨线）演示实验 ··· 133
- 7.5 非均相分离演示实验 ··· 135
- 7.6 二维流化床演示实验 ··· 137
- 7.7 冷模塔演示实验 ·· 139

附录 / 142

- 附录一 管子、管件的种类、用途及其联接方法 ································· 142
  - 一、常用管子的种类及用途 ·· 142
  - 二、常用管件的种类及用途 ·· 143

三、常用阀门的种类及用途 …………………………………………………………… 144
　　四、管子的联接 …………………………………………………………………………… 145
　　五、管子、管件的图示符号 ……………………………………………………………… 145
附录二　饱和水蒸气表 …………………………………………………………………………… 146
附录三　干空气的物理性质（101.33kPa） …………………………………………………… 147
附录四　水的物理性质 …………………………………………………………………………… 149
附录五　镍铬-镍硅热电偶分度表 ……………………………………………………………… 150
附录六　铂电阻分度表 …………………………………………………………………………… 150
附录七　乙醇-水溶液平衡数据（$p=101.325$kPa） ………………………………………… 152
附录八　乙醇-水溶液相对密度表 ……………………………………………………………… 152

参考文献 / 156

第1章 绪论

1.1 化工原理实验的目的和意义

化工原理实验简介

化工原理是以化工生产过程为研究对象的一门工程性课程,是化工、轻工、制药、生物、环境等专业的重要技术基础课。化工原理实验则是学习、掌握和运用化工原理基本内容的必要环节,也是训练化工实验研究基本方法和基本技能的必要环节,它与理论教学、习题课和课程设计等教学环节共同构成一个有机的整体。化工原理实验与一般化学实验的不同之处在于其具有明显的工程特点,面对的是工程问题。

通过化工原理实验环节,力求达到以下教学目的:

配合理论教学,通过实验从实践中进一步学习、掌握和运用学过的基本理论知识,加深对化工原理单元操作的理解。

1.熟悉典型化工单元操作实验装置的流程、结构和操作,掌握化工数据的基本测试技术,同时运用化工基本理论分析实验过程中的各种现象和问题,培养和训练学生分析问题和解决问题的能力。

2.培养学生设计实验、组织实验的能力,增强工程概念,掌握实验的研究方法。

3.提高计算能力与分析问题的能力,运用计算机软件处理实验数据,以数学方式或图表科学地表达实验结果,并进行必要的分析讨论,编写完整的实验报告。

4.通过实验逐步培养学生良好的思想作风和工作作风,促使学生以严谨、科学的精神对待实验和研究工作。

1.2 实验要求

预习、实验操作、数据处理和整理实验报告是完成化工原理实验的四个必要环节,只有对每个环节都认真对待,才能通过实验真正得到提高。

1.2.1 实验前的准备工作

1.仔细阅读实验教材,明确本次实验的目的与要求,并结合课程有关章节进行预习,了解实验的方法、理论依据以及应测取的数据。

2.了解实验装置的流程、主要设备和构造、仪表种类和安装位置,熟悉它们的使用方法，了解仪表的精度，以便分析误差来源。

3.确定要测取的数据，以及数据点的分配，熟悉调节点和测试点的位置，研究操作参数的调节方法，然后进一步确定实验方案。

4.列出本实验需在实验室得到的全部原始数据和操作现象观察项目的清单，并画出便于记录的原始数据表格。

5.实验前小组成员必须明确分工、协调一致。做到既有分工，又有合作；既要保证实验质量，又要使每个人获得全面训练。对实验方案要做到人人心中有数。

6.更改实验方案时要事先和指导教师交换意见，获得指导教师同意。

1.2.2 实验操作过程

1.在充分预习的基础上，进行实验操作与数据的测取。必须使用事先拟好的记录表格，不许随便用白纸代替，以免所记录数据混淆不清，同时也便于复查。

2.按预定方案，各岗位相互配合，将装置上的各测量点调节到预定的测量值，并努力使之保持定常。

3.在每一定常条件下，重复读取各项数据（每个测点至少读数两次，如前后差别较大，应再重复读数），各测点的读数应尽可能同步进行，然后改变新的条件，逐一测取数据。应当注意，装置越大，达到定常所需要的时间就越长。

4.凡对实验结果有直接或间接影响的数据都必须设法获得或直接测取，包括大气条件、设备有关尺寸、物料性质、操作条件及仪表精度等。

5.读数时应遵守正确的读数方法，并估计读数时可能的误差。数据记录时应注意仪表的精度及有效数字的匹配，并写明单位。应当注意，实验中测点示值的脉动往往不可避免，定常是相对的，这是化工工程特点的一种反映，要依据误差理论做出正确的测量。

6.在实验中必须密切注意由各观测点所反映出来的各种现象，并做出记录（包括正常的与异常的现象），运用所学知识，分析这些现象的原因及相互联系。

7.记录数据的态度：必须实事求是，只要数据稳定，都应如实记录，对不正常现象应在备注栏中注明。

8.要及时分析各组数据的可靠性和有效性，必要时应重复原来条件进行验证。在实验结束时，也要再一次检查各项数据记录是否完整与正确。

9.最后，按规定进行停车操作，并使装置与仪表恢复实验前的初始状态。

1.2.3 数据处理

1.实验中可在实验室进行数据的预处理，以实时判断数据的有效性。

2.数据处理应由每个学生独立完成。允许用计算机处理数据，但每人必须手算一组条件，同组人的手算条件不应重复。

3.计算中除算出各组的目标函数值外，还应根据误差理论计算出相应的误差范围，进行坏值剔除，并进行必要的变量关联。

4.数据整理应根据有效数字的运算规则进行，舍弃不必要的尾数，以与测量仪表的准确度相一致。化工计算中，一般取三到四位有效数字。

5.各组实验数据应按照实验序号列成表格。原始数据、中间数据和结果数据均应分别列出。

6.按照实验教材的要求,做出有关实验结果的图示,以说明各种因素的影响趋势;回归相应的系数或指数,以表示结果的误差情况。

1.2.4 撰写实验报告

按照一定的格式和要求表达实验过程和结果的文字材料称为实验报告。它是实验工作的全面总结和系统概括,是实验工作不可缺少的一个环节。

撰写实验报告的过程是对所测取的数据加以处理及对所观察的现象加以分析,从中找出客观规律和内在联系的过程。如果做了实验而不写报告,就等于有始无终,半途而废。因此,进行实验并写出报告,对于理工科学生来讲,是一种必不可少的基础训练,也可认为是一种科技论文书写的训练。因此,本课程的实验报告,提倡在正式实验报告前写摘要。目的是强化书写科技论文的意识,训练综合分析、概括问题的能力。

完整的实验报告一般应包括以下几方面的内容。

1. 实验名称

实验报告的名称,又称标题,列在报告的最前面。实验名称应简洁、鲜明、准确,能恰当地反映实验的内容。如《对流传热系数测定实验》《离心泵特性曲线测定实验》。

2. 实验目的

简明扼要地说明为什么要进行本实验,实验要解决什么问题。

3. 实验原理(实验的理论依据)

简要说明实验所依据的基本原理,包括实验涉及的主要概念,实验依据的重要定律、公式及据此推算的重要结果。要求准确、充分。

4. 实验装置流程示意图

简单地画出实验装置流程示意图和测试点的位置及主要设备、仪表的名称。标出设备、仪器仪表及调节阀等的标号,在流程图的下面写出图名及与标号相对应的设备仪器的名称。

5. 实验操作方法和注意事项

根据实际操作程序,按时间的先后划分为几个步骤,并在前面加上序数词1,2,3,…,以使条理更为清晰。实验步骤的划分,一般多以改变某一组因素(参数)作为一个步骤。对于操作过程的说明应简单、明了。

对于容易引起危险、损坏仪器仪表或设备以及一些对实验结果影响比较大的操作,应在注意事项中注明,以引起注意。

6. 数据记录

实验数据是实验过程中从测量仪表所读取的数值,要根据仪表的精度决定实验数据的有效数字位数。读取数据的方法要正确,记录数据要准确。通常是将数据先记在原始数据记录表格里。数据较多时,此表格宜作为附录放在报告的后面。

7. 数据整理表或作图

数据整理是实验报告的重点内容之一,要求将实验数据整理并加工成图或表格的形式。数据整理时应根据有效数字的运算规则进行。一般将主要的中间计算值和最后计算结果列在数据整理表格中。表格要精心设计,使其易于显示数据的变化规律及各参数的相关性。为了更直观地表达变量间的相互关系,有时采用作图法,即用相对应的各组数据确定出若干坐标点,然后依点画出相关曲线。不经重复实验不得随意修改数据,更不得伪造数据。

8. 数据整理计算过程举例

数据整理计算是以某一组原始数据为例,把各项计算过程列出,以说明数据整理表中的结果是如何得到的。

9. 对实验结果的分析与讨论

实验结果的分析与讨论十分重要,是作者理论水平的具体体现,也是对实验方法和结果进行的综合分析研究。讨论范围应只限于与本实验有关的内容,其主要内容包括:

(1) 从理论上对实验所得结果进行分析和解释,说明其必然性;
(2) 对实验中的异常现象进行分析讨论;
(3) 分析误差的大小和原因,掌握如何提高测量精度;
(4) 指出本实验结果在生产实践中的价值和意义;
(5) 由实验结果提出进一步的研究方向或对实验方法及装置提出改进建议等。

有时将7、9两项合并写为"结果与讨论",这有两个原因:一是讨论的内容少,无须另列一部分;二是实验的几项结果独立性大、内容多,需要逐项讨论,使条理更清楚。

10. 实验结论

实验结论是根据实验结果所做出的最后判断,得出的结论要从实际出发,有理论根据。

1.3 实验室安全知识

化工原理实验是一门实践性很强的基础课程,而且在实验过程难免接触易燃、易爆、有腐蚀性和毒性或放射性的物质,同时也可能要在高压、高温或低温或高真空条件下操作。此外,还涉及用电和仪表操作等方面的问题。因此,要想有效地达到实验目的,就必须掌握安全知识。

1.3.1 防火安全知识

实验室内应配备一定数量的消防器材,实验操作人员要熟悉消防器材的存放位置和使用方法。

1. 易燃液体(密度小于水),如汽油、苯、丙酮等着火,应该用泡沫灭火剂来灭火,因为泡沫比易燃液体轻且比空气重,可覆盖在液体上面隔绝空气。

2. 金属钠、钾、钙、镁、铝粉、电石、过氧化钠等着火,应采用干沙灭火,此外还可用不燃性固体粉末灭火。

3. 电气设备或带电系统着火,应用四氯化碳灭火器灭火,但不能用水或二氧化碳泡沫灭火,因为后者导电,会造成触电事故。使用时要站在上风侧,以防四氯化碳中毒。室内灭火后应打开门窗通风。

4. 其他地方着火,可用水来灭火。

一旦发生火灾,不要慌乱,迅速报告实验室教师,并撤离现场。实验教师要冷静地判断情况,采取措施,进行灭火,并赶快报警。

1.3.2 用电安全知识

1. 实验之前,必须了解室内总电闸与分电闸的位置,便于出现用电事故时及时切断电源。

2. 接触或操作电器设备时,手必须干燥。所有的电器设备在带电时不能用湿布擦拭,更不能有水落于其上。不能用试电笔去试高压电。

3. 电器设备维修时必须停电作业。如接保险丝时,一定要先拉下电闸后再进行操作。

4. 为启动电机,合闸前先用手转动一下电机的轴,合上电闸后,立即查看电机是否已转动;若不转动,应立即拉闸,否则电机很容易烧毁。若电源开关是三相刀闸,合闸时一定要快速地猛合到底,否则易发生"跑单相",即三相中有一相实际上未接通,电机极易被烧毁。

5. 电源或电器设备上的保护熔断丝或保险管都应按规定电流标准使用,不能任意加大,更不允许用铜丝或铝丝代替。

6. 若用电设备是电热器,在通电之前,一定要确定进行电加热所需要的前提条件是否已经具备。比如在精馏塔实验中,在接通塔釜电热器之前,必须确定釜内液面是否符合要求,塔顶冷凝器的冷却水是否已经打开。干燥实验中,在接通空气预热器的电热器之前,必须先打开空气鼓风机。另外电热设备不能直接放在木制实验台上使用,必须用隔热材料垫,以防引起火灾。

7. 所有电器设备的金属外壳应接地线,并定期检查是否连接良好。

8. 导线的接头应紧密牢固,裸露的部分必须用绝缘胶布包好,或者用塑料绝缘管套好。

9. 在电源开关与电器之间若设有电压调节器或电流调节器(其作用是调节用电设备的用电情况),在接通电源开关之前,一定要先检查电压调节器或电流调节器当前所处的状态,并将它置于"零位"状态。否则,在接通电源开关时,用电设备会在较大功率下运行从而造成用电设备损坏。

10. 在实验过程中,如果发生停电现象,必须切断电闸,以防操作人员离开现场后,因突然供电而导致电器设备在无人监视下运行。

1.3.3 使用高压钢瓶的安全知识

1. 使用高压钢瓶的主要危险是钢瓶可能爆炸和漏气。若钢瓶受日光直晒或靠近热源,瓶内气体受热膨胀,导致压力超过钢瓶的耐压力度时,容易引起钢瓶爆炸。另外,可燃性压缩气体的漏气也会造成危险。应尽可能避免氧气钢瓶和可燃性气体钢瓶放在同一房间(如氢气钢瓶和氧气钢瓶),因为两种钢瓶同时漏气时更易引起着火和爆炸。如氢气泄露时,当氢气与空气混合后体积分数达到4%~75.2%时,遇明火会发生爆炸。按规定,可燃性气体钢瓶与明火距离应超过10m。

2. 搬运钢瓶时,应戴好钢瓶帽和橡胶安全圈,并严防钢瓶摔倒或受到撞击,以免发生爆炸事故。使用钢瓶时,必须牢靠地固定在架子上、墙上或实验台旁。

3. 绝不可把油或其他易燃性有机物粘附在钢瓶上(特别是出口和气压表处),也不可用麻、棉等物堵漏,以防燃烧引起事故。

4. 使用钢瓶时,一定要用气压表,而且各种气压表不能混用。一般可燃性气体(如

H_2，C_2H_2）的钢瓶阀门螺纹是反扣的,不燃性或助燃性气体（如 N_2，O_2）的钢瓶阀门螺纹是正扣的。

5.使用钢瓶时必须连接减压阀或高压调节阀,不经这些部件让系统直接与钢瓶连接是十分危险的。

6.开启钢瓶阀门及调压时,人不要站在气体出口的前方,头不要在瓶口之上,而应在瓶之侧面,以防钢瓶的总阀门或气压表被冲出伤人。

第2章 实验参数的测量技术

2.1 概　　述

实验过程中，为了能够正确地完成实验过程、保证实验安全和实现数据测量过程自动化，需要准确而及时地检测出实验过程中需要测取的各个有关参数，例如压力、流量、液位及温度等。用来检测这些参数的技术工具称为检测仪表。为了帮助学生正确选择和使用检测仪表，本章将对化工原理实验过程中用到的检测仪表进行简要介绍。

2.1.1 测量误差

虽然测量不同参数所采用的检测方法和仪表各不相同，但测量过程在实质上都是将被测参数与其相应的测量单位进行比较的过程，而检测仪表就是实现这一比较过程的工具。

在测量过程中，由于环境影响、测量者的主观性以及测量工具本身不够准确等因素，都会导致测量结果不可能绝对准确。测量值与真值之间总是存在一定的差距，这一差距就称为测量误差。测量误差有绝对误差和相对误差之分，绝对误差 δ 是指仪表指示值 x 与被测量的真值 x_t 之间的差值，即

$$\delta = x - x_t \tag{2-1}$$

真值是被测物理量客观存在的真实数值，是无法真正得到的。因此，一般绝对误差是指用被校仪表（精度等级较低）和标准仪表（精度等级较高）同时对同一被测量进行测量所得到的两个测量值之差，即用标准仪表的测量值 x_0 代替真值。

$$\delta = x - x_0 \tag{2-2}$$

由于误差对测量过程的影响程度除了与误差大小有关外，与测量值本身的大小也有关系，因此测量误差也常用相对误差来表示。相对误差 y 是指某一测量值的绝对误差与标准仪表在这一点的指示值之比，可以表示为：

$$y = \frac{\Delta}{x_0} = \frac{x - x_0}{x_0} \tag{2-3}$$

2.1.2 仪表主要性能指标

仪表性能的好坏，通常可用以下几个指标来进行衡量。

1. 精确度

仪表的精确度简称精度。由于任何测量过程都存在误差，因此在使用仪表进行参数测量

时，不仅要知道仪表的指示值，还应该了解使用该仪表测量所产生的误差的范围（最大误差）。仪表的精度就是指使用该仪表测量可能会产生的最大绝对误差与仪表量程（仪表测量范围上限值与下限值之差）的百分比值。

$$仪表精度 = \left| \frac{仪表允许的最大绝对误差}{测量范围上限值 - 测量范围下限值} \right| \times 100\% \tag{2-4}$$

精确度是仪表的一个重要质量指标，常用精度等级来规范和表示。精度等级就是仪表精度去掉%号后的数值，目前我国生产的仪表精度等级有 0.005，0.02，0.05，0.1，0.2，0.4，0.5，1.0，1.5，2.5，4.0 等，数值越小，仪表的精确度越高。

需要说明的是，校验仪表时确定仪表的精度等级与选用仪表时确定精度等级是不一样的，根据仪表校验数据来确定仪表精度等级时，仪表允许的最大绝对误差应该大于（至少等于）仪表校验所得的最大绝对误差；根据工艺要求来选仪表精度等级时，仪表允许的最大绝对误差应该小于（至多等于）工艺上所允许的绝对误差，下面举例来说明。

[例 2.1] 某台测温仪表的测温范围为 200～700℃，校验该表时得到的最大绝对误差为 4℃，确定该仪表的精度等级。

解：该仪表的精度为

$$\frac{4}{700-200} = 0.8\%$$

但由于国家规定的精度等级中没有 0.8 级仪表，同时，该仪表的误差超过了 0.5 级仪表所允许的最大误差，所以，这台仪表的精度等级只能确定为 1.0 级。

[例 2.2] 根据工艺要求，某温度测量点的测量误差不得超过 4℃，拟选用一台量程为 200～700℃ 的测温仪表，应选用精度等级为多少的仪表才能满足工艺要求。

解：根据工艺要求，所需仪表的精度为

$$\frac{4}{700-200} = 0.8\%$$

但由于国家规定的精度等级中没有 0.8 级仪表，如果选用精度等级为 1.0 级的仪表，仪表的允许误差为 5℃，超出了工艺允许的数值，所以选择精度等级为 0.5 级的仪表才能满足工艺要求。

仪表精度与量程有关，量程是根据所要检测的工艺变量来确定的。在仪表精度等级一定的前提下适当缩小量程，可以减小测量误差，提高检测准确性。一般而言，仪表的上限应为被测工艺变量的 4/3 倍或 3/2 倍，如果工艺变量波动较大，也可以取为 3/2 倍或 2 倍。为了保证检测值的准确度，通常被测工艺变量的值以不低于仪表全量程的 1/3 为宜。

2. 灵敏度

对指针式仪表，仪表灵敏度 S 表示仪表在稳定状态下输出增量 $\Delta \alpha$ 与输入增量 Δx 的比值，可以用来表达测量仪表反映被测量变化的灵敏程度。

$$S = \frac{\Delta \alpha}{\Delta x} \tag{2-5}$$

仪表灵敏度不够时，会引起测量误差，灵敏度越低，误差就越大，所以提高仪表的灵敏度是有必要的，但仅靠加大灵敏度而不改变仪表的基本性能来达到更准确的读数（即提高精度）是不合理的，反而可能出现似乎灵敏度很高，但实际上精度却下降的虚假现象。所以在选用仪表时，应选灵敏度合适的仪表，不要一味追求高灵敏度的仪表。

而在数字式仪表中，往往用分辨力来表示仪表灵敏度的大小。分辨力是指数字显示器的最末位数字间隔所代表的被测参数变化量，也就是显示器能有效分辨的最小视差值。显然，不同量程的分辨力是不同的，最低量程的分辨力称为该表的最高分辨力，也叫灵敏度。

3. 线性度

线性度（又称为非线性误差）可以表征线性刻度仪表的输出量与输入量的实际校准曲线与理论直线的吻合程度，如图 2-1 所示，通常用实际测得的输入-输出特性曲线（称为校准曲线）与理论直线之间的量大偏差 Δf_{max} 与测量仪表量程之比的百分数表示，即

$$\delta_i = \frac{\Delta f_{max}}{仪表量程} \times 100\% \tag{2-6}$$

通常总是希望测量仪表的输出与输入之间呈线性关系。因为在线性情况下，模拟式仪表的刻度可以做成均匀刻度，而数字式仪表则不需采取线性化措施。

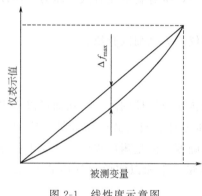

图 2-1　线性度示意图

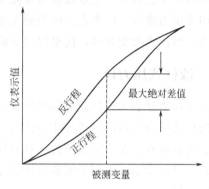

图 2-2　测量仪表的变差

4. 变差

变差又称回差，是指在外界条件不变的情况下，用同一仪表对被测变量在仪表全部测量范围内进行正反行程（即被测参数逐渐由小到大和逐渐由大到小）测量时，被测量值正行和反行所得到的两条特性曲线之间的最大偏差，如图 2-2 所示。

变差的大小，用在同一被测参数值下正反行程间仪表指示值的最大绝对差值与仪表量程之比的百分数表示，即

$$变差 = \frac{最大绝对差值}{仪表量程} \times 100\% \tag{2-7}$$

造成变差的原因很多，例如传动机构间存在的间隙和摩擦力、弹性元件的弹性滞后等。在仪表的使用过程中，要求仪表的变差不能超过仪表的允许误差。

除了上面介绍的几种性能指标外，表征仪表性能的指标还有仪表的稳定性、重复性、动态误差等。

2.2 压力测量技术

流体压力是实验中需要测量和控制的重要参数之一。在工程上，压力被定义为垂直均匀地作用于单位面积上的力，等同于物理学中的压强。在国际单位制中定义1牛顿（N）的力垂直作用于1平方米（m²）面积上所形成的压力为1帕斯卡（Pa）。

压力有3种表示方法：绝对压力、表压力、真空度（负压）。以绝对零值（绝对真空）为基准算起的压力称为绝对压力，指物体所受的实际压力；表压力（简称表压）是指用一般压力仪表所测得的压力，由于仪表本身也受到大气压的作用，但在大气中它的读数为零，因此所测得的压力只是实际压力和当地大气压的差值，也就是说，表压力是指以当地大气压为基准算起的压力；表压力的值可正可负，负的表压力表示被测点的压力低于大气压，这个负的表压力值就是不足大气压的值，称为真空度。

绝对压力、表压力和真空度之间的关系如下：

绝对压力＝大气压力＋表压力

表压力＝绝对压力－大气压力

真空度＝－表压力

因为各种工艺设备和测量仪表通常处于大气之中，本身就承受着大气压力。所以，工程上经常用表压力或真空度来表示压力的大小。

压力检测仪表种类较多，这里仅以实验室常用仪表为例加以介绍。

2.2.1 液柱式压力计

液柱式压力计利用流体静力学的原理，将压力转化成液柱的高度，从而可以求出液体的压力。液柱式压力计包括U形管压差计、单管式压差计、斜管式微压计等。这种压差计结构简单，价格便宜，在一定的条件下具有较高的精确度，但是耐压程度差，受工作介质密度的影响，测量范围小，常用于实验室中的中低压测量。下面以实验室常用的U形管压差计为例进行介绍。

U形管压差计的结构如图2-3所示。将一根粗细均匀的透明管弯成U形，在管内充入工作介质（若被测压差很小，通常使用水、氯苯、四氯化碳作为指示液；若被测压差很大，通常使用汞作为指示液），U形管两端接测压点。在已知U形管两端指示液柱高度差 R 时，便可利用式(2-8)求得压差。

$$\Delta p = p_1 - p_2 = (\rho_s - \rho)gR \tag{2-8}$$

式中，ρ_s 为指示液的密度，ρ 为被测流体的密度。如果U形管的一端与大气相通，那么便可以得到测压点的表压。

如果将U形管倒置，利用空气作为指示剂所构成的压差计称为倒U形压差计，其结构如图2-3所示。这种压差计一般用于测量小的液体压差。它的优点是不需要另加指示液。所测压差可利用式(2-9)计算。

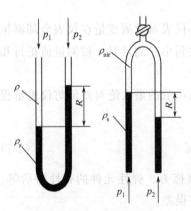

图2-3 U形管压差计和倒U形压差计

$$\Delta p = p_1 - p_2 = (\rho_s - \rho_{air})gR \approx \rho_s gR \qquad (2-9)$$

2.2.2 弹簧管式压力表

弹簧管式压力表（也称弹性式压力表）是利用弹性元件在被测介质压力的作用下产生的弹性形变的大小与压力有确定关系的原理制成的测压仪表。这种仪表具有结构简单、价格低廉、测量范围宽等优点，是使用最为广泛的压力仪表。

弹性元件是一种简易可靠的测压敏感元件。常见的测压弹性元件主要是弹簧管、波纹管、弹性膜片等，如图 2-4 所示。

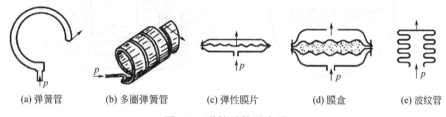

(a) 弹簧管　　(b) 多圈弹簧管　　(c) 弹性膜片　　(d) 膜盒　　(e) 波纹管

图 2-4　弹性元件示意图

弹簧管式压力表是工业上应用最为广泛的一种测压仪表，测量范围极广，品种规格繁多。按其使用的测压元件不同，可分为单圈弹簧管压力表与多圈弹簧管压力表。按其用途不同，可分为普通弹簧管压力表、耐腐的氨用压力表、禁油的氧气压力表等，它们的外形与结构基本上是相同的，只是所用的材料有所不同。

弹簧管式压力表结构如图 2-5 所示，弹簧管是压力表的测量元件，是一根弯成 270°圆弧的椭圆截面的空心金属管，管子的一端固定在压力表接头上，另一端为自由端，当受到被测压力后，由于变形，弹簧管的自由端会产生位移，并且压力与位移成正比，所以只要测得自由端的位移量，就能反映压力的大小。一般自由端的位移很小，需要通过拉杆和齿轮等放大机构才能指示出来。

2.2.3 压力传感器

压力传感器是指能感受压力信号，并按照一定的规律将压力信号转换成电信号输出的器件或装置。压力传感器通常由压力敏感元件和信号处理单元组成。按不同的测试压力类型，压力传感器可分为表压传感器、差压传感器和绝压传感器。当输出的电信号能够被进一步变换为标准信号时，压力传感器也称为压力变送器。

下面简单介绍几种常用的压力变送器。

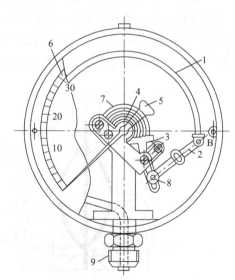

图 2-5　弹簧管式压力表
1—弹簧管；2—拉杆；3—扇形齿轮；
4—中心齿轮；5—指针；6—面板；7—游丝；
8—调整螺钉；9—接头

1. 压阻式压力传感器

压阻式压力传感器（图 2-6）是指利用单晶硅材料的压阻效应和集成电路技术制成的传感器。单晶硅材料在受到力的作用后，电阻率发生变化，通过测量电路就可得到正比于力变化的电信号输出。这种传感器采用集成工艺将电阻条集成在单晶硅膜片上，制成硅压阻芯片，并将此芯片的周边固定封装于外壳之内，引出电极引线。压阻式压力传感器又称为固态压力传感器，是直接通过硅膜片感受被测压力的。

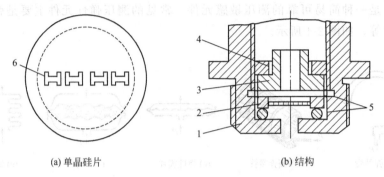

(a) 单晶硅片　　　　　　　　(b) 结构

图 2-6　压阻式压力传感器

1—基座；2—单晶硅片；3—导环；4—螺母；5—密封垫圈；6—等效电阻

2. 电容式压差传感器

电容式压差传感器（图 2-7）是将弹性元件的位移转换为电容量的变化，然后进行测量。将弹性膜片作为电容器的可动极板，与固定极板组成可变电容器。当被测压力变化时，由于弹性膜片的弹性变形改变了两块极板之间的距离，造成电容量发生变化，电容量的变化由电容/电流转换电路转换成电流信号，再经过处理和放大输出 4～20mA 的标准信号。电容式压差变送器尺寸紧凑，密封性与抗震性好，过载能力大。

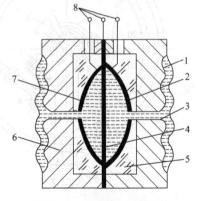 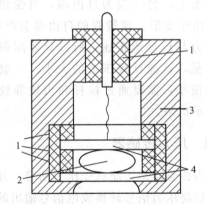

图 2-7　电容式压差传感器

1—隔离膜片；2,7—固定电极；3—硅油；
4—测量膜片；5—玻璃层；6—底座；8—引线

图 2-8　压电式压力传感器

1—绝缘体；2—压电元件；3—壳体；4—膜片

3. 压电式压力传感器

压电式压力传感器（表 2-8）大多是利用正压电效应制成的。正压电效应是指：当晶体受到某固定方向外力的作用时，内部就产生电极化现象，同时在某两个表面上产生符号相反的电荷；当外力撤去后，晶体又恢复到不带电的状态；当外力作用方向改变时，电荷的极性也随之改变；晶体受力所产生的电荷量与外力的大小成正比。

具有压电效应的材料称为压电材料，压电材料种类较多，如石英晶体、人工制造的压电陶瓷、高分子压电薄膜等。图 2-8 是一种压电式压力传感器结构图。压电元件被夹在两块弹性膜片之间，压电元件一个侧面与膜片接触并接地，另一个侧面通过金属箔和引线将电量引出。压力作用于膜片时，压电元件受力而产生电荷，电荷量经过放大处理可转换为电压或电流信号输出。

2.2.4 仪表选用

正确地选用及安装是压力检测仪表能够发挥应有作用的重要环节。

压力计应根据工艺生产过程对压力测量的要求，结合其他各方面的情况，进行全面考虑和具体分析而选用。选用压力计一般应该考虑以下几个方面的问题。

1. 仪表类型的选用 仪表类型的选用必须满足工艺生产的要求。例如是否需要远传、自动记录或报警；被测介质的物理化学性能（诸如黏度、腐蚀性、易燃易爆性能等）是否对测量仪表提出特殊要求；现场环境条件（诸如高温、电场、振动及现场安装条件等）对仪表类型有否特殊要求等。总之，根据工艺要求正确选用仪表类型是保证仪表正常工作及安全生产的重要前提。

2. 仪表测量范围的确定 仪表的测量范围是指该仪表可按规定的精确度对被测量进行测量的范围，它是根据操作中需要测量的参数的大小来确定的。

在测量压力时，为了延长仪表的使用寿命，避免弹性元件因受力过大而损坏，压力计的上限值应该高于工艺生产中可能的最大压力值。根据"化工自控设计技术规定"，在测量稳定压力时，最大工作压力不应超过测量上限值的 2/3；测量脉动压力时，最大工作压力不应超过测量上限值的 1/2；测量高压压力时，最大工作压力不应超过测量上限的 3/5。

同时，为了保证测量值的准确度，所测的压力值不能太接近仪表的下限值，即仪表的量程不能选得太大，一般以被测压力的最小值不低于仪表满量程的 1/3 为宜。

3. 仪表精度等级的选取 仪表精度是根据工艺生产上所允许的最大测量误差来确定的。一般来说，所选用的仪表越精密，则测量结果越精确、可靠；但不能认为选用的仪表精度越高越好，因为一般来说，越精密的仪表，价格越贵，操作和维护越复杂。因此，在满足工艺要求的前提下，应尽可能选用精度较低、价廉、耐用的仪表。

2.3 流量测量技术

流量通常是指单位时间内流过管道某一截面的流体的数量，即瞬时流量。数量可以用质量表示，也可以用体积或摩尔数来表示。单位时间内流过的流体数量用质量表示的称为质量流量，用体积表示的称为体积流量，需要注意的是流体（特别是气体）的体积流量与流体的工作状态有关。

瞬时流量在某一时段的累积量称为累积流量。

用于测量流体流量的仪表一般叫流量计，流量的检测方法很多，下面仅对化工实验室用到的几种方法和设备进行介绍。

2.3.1 速度式流量计

速度式流量计通过测量流体在管道内的流速作为测量依据来计算流量。基于速度法测量流量的流量计主要有：差压式流量计，电磁流量计，涡街式流量计，涡轮流量计等。

1. 差压式流量计

差压式（也称节流式）流量计是一种以测量流体流经节流装置所产生的压力差来得到流量大小的一种流量计，通常由节流装置、压差检测和显示仪表构成。节流式流量计结构简单，价格便宜，工作可靠，适应性广，几乎可测量各种工况下单相流体的流量。节流式流量计发展较早，已经积累了丰富、可靠的实验数据，且设计加工已经标准化，因此在使用标准节流元件时，无需单独标定就可保证测量精度，是目前生产中测量流量最成熟、也是最常用的方法之一。但是节流式流量计在安装时要求严格，节流元件的上下游要求有足够长的直管段，测量范围窄，流量量程比即最大与最小流量比一般为 3∶1，而且节流式流量计的压力损失大，刻度为非线性，不适宜测量脉动流的流量。

实验室常用的节流式流量计主要是孔板流量计和文丘里管流量计，这两种流量计在化工原理教材中已有详述。

2. 转子流量计

实验室经常会遇到小流量的测量，因为流体的流速低，要求测量仪表必须有较高的灵敏度，才能保证一定的精度。节流装置对低雷诺数的流体的测量精度不高，而转子流量计特别适用于测量管径 50mm 以下管道的流量。

转子流量计由一根自下而上扩大的垂直锥管和一个置于锥管内可以上下移动的转子组成。被测流体自流量计的下端进入，经转子与锥管间的环隙向上流出，由于被测流体流过环隙产生节流效应而形成压差，使转子受力而上升。随着转子的上升，它与锥管间的环隙面积逐渐增大，被测流体流速降低，转子所受的上升力也随之减小。当上升到某一位置时，上升力等于转子的重力时，转子就稳定不动，该位置的高度就代表被测流体的流量。

转子流量计与差压式流量计的工作原理不完全相同，差压式流量计是在流通截面不变的条件下，以压差变化来反映流量的大小，而转子流量计是在压降不变的条件下，利用流通面积的变化来测量流量，详细的工作原理在化工原理教材中已有详述。

3. 电磁流量计

电磁流量计是应用电磁感应原理，根据导电流体通过外加磁场时产生的电动势来测量导电流体流量的一种仪器。

电磁流量计测量原理如图 2-9 所示，在一段用非导磁材料制成的管道外面，安装一对磁极，用以产生磁场，当导电液体流过管道时，就会在磁场中作切割磁力线运动，在管道两边的电极上就会产生感应电势，在与测量管轴线和磁力线相垂直的管壁上安装一对检测电极，导电液体切割磁力线产生的感应电势由两个检测电极检出，感应电势的方向可由右手定则判定，数值大小与流速成正比例，其值为：

$$E = BvDK \tag{2-10}$$

式中，E 为感应电势；K 为与磁场分布及轴向长度有关的系数；B 为磁感应强度；v 为导电液体平均流速；D 为电极间距（测量管内直径）。

在磁感应强度 B、管道直径 D 确定的情况下，K 也是一个常数，此时感应电势的大小仅与流体的流速有关，而与其他因素无关。

电磁流量计根据法拉第电磁感应定律进行流量测量，在测量管内无可动部件或突出部件，因此压损极小，可测流量范围大。最大流量与最小流量的比值一般为 20∶1 以上，适用的工业管径范围宽，最大可达 3m，输出信号和被测流量成线性，精确度较高，可测量电导率≥5μs/cm 的酸、碱、盐溶液、水、污水、腐蚀性液体以及泥浆、矿浆、纸浆等流体的流量。

电磁流量计只能用来测量导电液体的流量，不能测量气体、蒸汽以及纯净水的流量。

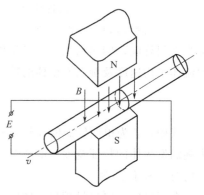

图 2-9　电磁流量计原理图

4. 涡轮流量计

涡轮流量计是利用置于流体中的叶轮旋转角速度与流体流速成正比的原理，来测量流体流量的一类仪表。涡轮流量计是叶轮式流量计的主要品种，其他叶轮式流量计还包括水表、风速计等。

涡轮流量计由涡轮、轴承、前置放大器、显示仪表组成。在管道中心安放一个涡轮，两端由轴承支撑，当流体通过管道时，冲击涡轮叶片，对涡轮产生驱动力矩，使涡轮克服摩擦力矩和流体阻力矩而产生旋转（图 2-10）。在一定的流量范围内，对一定的流体介质黏度，涡轮的旋转角速度与流体流速成正比。由此，流体流速可通过涡轮的旋转角速度得到，从而可以计算得到通过管道的流体流量。涡轮的转速通过装在机壳外的传感线圈来检测。当涡轮叶片切割由壳体内永久磁铁产生的磁力线时，就会引起传感线圈中的磁通量变化。传感线圈将检测到的磁通量周期变化信号送入前置放大器，对信号进行放大、整形，产生与流速成正比的脉冲信号，将脉冲信号送入频率电流转换电路，将脉冲信号转换成模拟电流量，进而指示瞬时流量值。

涡轮流量计测量精度高，在所有流量计中，涡轮流量计、容积式流量计和科里奥利质量流量计是重复性、准确度最好的三大类流量计。由于涡轮流量计的转速测量是非接触式的，所以容易实现耐高压设计，被测流体的静压可达 50MPa，而且压力损失小。但涡轮流量计对被测流体的清洁度要求较高，一般需在上游加装过滤器。

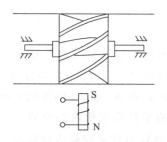 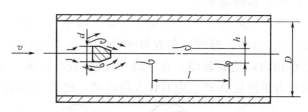

图 2-10　涡轮流量计结构示意图　　　图 2-11　三角柱卡门涡街

5. 涡街流量计

涡街流量计也称为旋涡流量计或卡门涡街流量计，是根据卡门（Karman）涡街原理、利用有规则的旋涡剥离现象来测量流体流量的仪表，可以用来测量气体、蒸汽或液体的流量。

如图 2-11 所示，在流体中垂直插入一个非流线形的柱状物（如三角柱）作为旋涡发生体，当雷诺数达到一定的数值时，会从旋涡发生体两侧交替地产生有规则的旋涡，这种旋涡称为卡门旋涡，旋涡列在旋涡发生体下游非对称地排列。旋涡的释放频率与流过旋涡发生体的流体平均速度及旋涡发生体的特征宽度有关，可用式(2-11)表示：

$$f = St \cdot \frac{v}{d} \tag{2-11}$$

式中，f 为单侧旋涡的释放频率，Hz；v 为流过旋涡发生体的流体平均速度，m/s；d 为旋涡发生体的特征宽度，m；St 为斯特劳哈尔数，无量纲，当雷诺数 Re 在 $10^2 \sim 10^5$ 范围内时，St 值约为 0.2。

在测量中，要尽量满足流体的雷诺数在 $10^2 \sim 10^5$ 范围内，此时旋涡的 St 近似为常数。由此，通过测量旋涡频率就可以计算出流过旋涡发生体的流体平均速度 v，再由式 $q=vA$ 求出流量 q，其中 A 为流体流过旋涡发生体的截面积。

涡街流量计输出信号是与流量成正比的脉冲频率信号或标准电流信号，可以远距离传输，而且输出信号与流体的温度、压力、密度、黏度等参数无关。该流量计量程比宽，结构简单，无运动件，具有测量精度高、应用范围广、使用寿命长等特点。

2.3.2 容积式流量计

容积式流量计采用固定的小容积来反复计量通过流量计的流体体积，所以，在容积式流量计内部必须具有构成一个标准体积的空间，通常称其为容积式流量计的"计量空间"或"计量室"。这个空间由仪表壳的内壁和流量计转动部件构成。容积式流量计的工作原理为：流体通过流量计，就会在流量计进出口之间产生一定的压力差。流量计的转动部件（简称转子）在这个压力差作用下产生旋转，并将流体由入口排向出口。在这个过程中，流体一次次地充满流量计的"计量空间"，然后又不断地被送往出口。在给定流量计条件下，该计量空间的体积是确定的，只要测得转子的转动次数，就可以得到通过流量计的流体体积的累积值。

容积式流量计按其测量元件分类，可分为椭圆齿轮流量计、刮板流量计、双转子流量计、旋转活塞流量计、往复活塞流量计、圆盘流量计、液封转筒式流量计、湿式气体流量计和膜式气体流量计等。

1. 椭圆齿轮流量计

椭圆齿轮流量计的测量部分主要由两个相互啮合的椭圆齿轮及其外壳（计量室）所构成（图 2-12），椭圆齿轮在被测介质的压差 $E(t,0)=E(t,t_0)+E(t_0,0)$ 的作用下，产生作用力矩使其转动。在（a）所示位置时，由于 $p_1>p_2$，在 p_1 和 p_2 的作用下所产生的合力矩使轮 A 产生顺时针方向转动，把轮 A 和壳体间的半月形容积内的介质排至出口，并带动轮 B 作逆时针方向转动，这时 A 为主动轮，B 为从动轮，在（b）上所示为中间位置，A 和 B 均为主动轮；而在（c）上所示位置，p_1 和 p_2 作用在 A 轮上的合力矩为零，作用在 B 轮上的合力矩使 B 轮作逆时针方向转

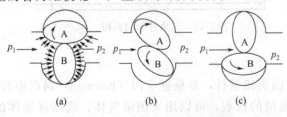

图 2-12　椭圆齿轮流量计结构原理

动,并把已吸入半月形容积内的介质排至出口,这时 B 为主动轮,A 为从动轮,与(a)上所示情况刚好相反。如此往复循环,轮 A 和轮 B 互相交替地由一个带动另一个转动,将被测介质以半月形容积为单位一次一次地由进口排至出口。显然,图上(a)、(b)、(c)所示,仅仅表示椭圆齿轮转动了 1/4 周的情况,而其所排出的被测介质为一个半月形容积。所以,椭圆齿轮每转一周所排出的被测介质量为半月形容积的 4 倍,则通过椭圆齿轮流量计的体积流量 Q 为:

$$Q = 4nV_0 \tag{2-12}$$

式中,n 为椭圆齿轮的旋转频率,转/秒;V_0 为半月形部分的容积。

这样,在椭圆齿轮流量计的半月形容积 V_0 一定的条件下,只要测出椭圆齿轮的旋转频率 n,便可知道被测介质的流量。

椭圆齿轮流量计流量信号(即椭圆齿轮的旋转频率 n)的显示,有就地显示和远传显示两种。

就地显示将齿轮的转动通过一系列的减速及调整转速比之后,直接与仪表面板上的指示针相连,并经过机械式计数器进行总量的显示。

远传显示主要通过减速后的齿轮带动永久磁铁旋转,使得弹簧继电器的触点以与永久磁铁相同的旋转频率同步地闭合或断开,从而发出一个个电脉冲远传给另一显示仪表。

由于椭圆齿轮流量计是基于容积式测量原理来进行测量的,与流体的黏度等性质无关。因此,特别适用于高黏度介质的流量测量。测量精度较高,压力损失较小,但使用时要特别注意被测介质中不能含有固体颗粒,否则会引起齿轮磨损和损坏。为此,齿轮流量计的入口处必须安装过滤器。另外齿轮流量计的结构复杂,加工制造较为困难,因而成本较高。

2. 湿式气体流量计

湿式气体流量计也是一种容积式流量计,是实验室中常用于测量气体流量的仪表。

湿式气体流量计结构如图 2-13,在封闭的圆筒形外壳内装有一由叶片围成的圆筒形转筒,并能绕中心轴自由旋转。转筒内被叶片分成三到四个气室(图 2-13 为四个气室),每个气室的内侧壁与外侧壁都有直缝开口(内侧壁开口为计量室进气口,外侧壁开口为计量室出气口)。流量计壳体内盛有约一半容积的水或低黏度油作为密封液体,转筒的一半浸于密封液中。随着气体进入流量计(图中液面中心为进口处),进入转筒内的一个气室 C,此时,C 气室的进气口露出液面,进气口与流量计进口相通而开始充气;B 气室已充满气体,其进出口都被液面密封,形成封闭的空间,即计量室;A 气室的出气口已露出液面,开始向流量计出口排气。随着气体不断充入气室 C,在进气压力的推动下,转筒如图所示逆时针方向绕中心轴旋转。气室 C 中的充气量逐渐增大,气室 B 的出气口也将离开液面而开始向流量计出口排气,气室 A 中的气体

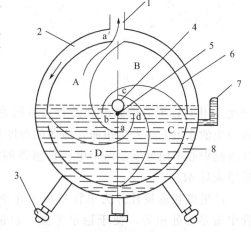

图 2-13 湿式气体流量计
1—出气口;2—外壳体;3—调节支架;4—进气口;
5—轴;6—转筒;7—液位调节器;8—密封液

将全部排出。当气室 A 全部浸入液体中时，气室 D 将开始充气，气室 C 将形成封闭的计量室。然后依次是气室 D、气室 A 形成封闭的计量室。转筒旋转一周，就有相当于 4 倍计量室空间的气体体积通过流量计。所以，只要将转筒的旋转次数通过齿轮传递到计数指示，就可显示通过流量计的气体体积流量（总量）。

由于湿式气体流量计的特殊的密封形式，它是一种无泄漏的容积式流量计，其误差特性与其他容积式流量计有明显的差别，测量精度可达 0.2~0.5 级。

湿式气体流量计的转筒旋转速度不宜过快，所以，它只适合于小流量的气体流量测量。而且，被计量的气体不能溶于流量计内部密封液体或与密封液体发生反应。

2.3.3 质量流量计

流体的体积是流体温度和压力的函数，是一个因变量，而流体的质量是一个不随温度、压力的变化而变化的量。如前所述，常用的流量计中，如孔板流量计、涡轮流量计、涡街流量计、电磁流量计、转子流量计和椭圆齿轮流量计等的流量测量值是流体的体积流量。在科学研究、生产过程控制、质量管理、经济核算和贸易交接等活动中所涉及的流体量一般多为质量。采用上述流量计仅仅测得流体的体积流量，往往不能满足人们的要求，通常还需要设法获得流体的质量流量。以前只能在测量流体的温度、压力、密度和体积等参数后，通过修正、换算和补偿等方法间接地得到流体的质量。这种测量方法，中间环节多，质量流量测量的准确度难以得到保证和提高。随着现代科学技术的发展，相继出现了一些直接测量质量流量的计量方法和装置，从而推动了流量测量技术的进步。

科里奥利质量流量计简称科氏力流量计，是一种利用流体在振动管道中流动时产生与质量流量成正比的科里奥利力原理来直接测量质量流量的装置，由流量检测元件和转换器组成。

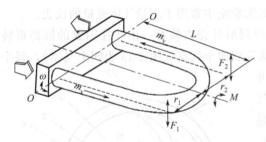

图 2-14 科氏力流量计测量原理

如图 2-15 和图 2-16 所示，U 形管的两个开口端固定，流体从一端流入，另一端流出。在 U 形管顶端装有电磁装置，激发 U 形管以 O-O 为轴（O-O 见图 2-14），按固有的频率振动，振动方向垂直于 U 形管所在平面。U 形管内的流体在沿管道流动的同时又随管道做垂直运动，此时流体就会产生一科里奥利加速度，并以科里奥利力反作用于 U 形管。因此作用于 U 形管两侧的科氏力大小相等方向相反，于是形成一个作用力矩。U 形管在该力矩的作用下将发生扭曲，扭曲的角度与通过 U 形管的流体质量流量成正比。在 U 形管两侧中心平面处安装两个电磁传感器测出 U 形管扭转角度的大小，就可以得到所测的质量流量 M。

科里奥利流量计分为单管型和多管型（一般为双管型）。单管型仪表不分流，测量管中流量处处相等，便于稳定零点，也便于清洗，但易受外界振动的干扰。仅见于早期的产品和一些小口径仪表。在双管型测量管结构中，两根测量管的振动方向相反，使得测量管扭曲相位相差 180°，双管型的检测信号有所放大，同时降低了外界振动干扰的影响。

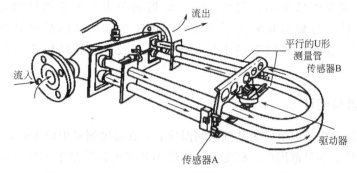

图 2-15 双 U 形管结构

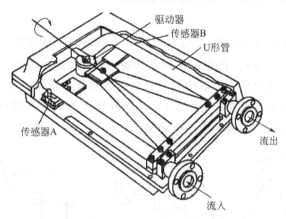

图 2-16 单 U 形管结构

科里奥利质量流量计实现了质量流量的直接测量，它不但具有准确性、重复性、稳定性高的特点，而且在流体通道内没有阻流元件和可动部件，因而其可靠性好，使用寿命长，还能测量高黏度流体和高压气体的流量，广泛应用于石化、制药、食品等行业。

2.4 温度测量技术

温度是表征物体冷热程度的物理量，是各种工业生产和科学实验中最普遍也是最重要的操作参数。温度不能直接测量，只能借助于冷热物体间的热交换，以及物体的某些物理性质随冷热程度不同而变化的特性来加以间接测量。

温度检测方法按测温元件和被测介质接触与否可以分成接触式和非接触式两大类。

接触式测温时，测温元件与被测对象接触，热量由高温对象向低温对象转移，直到两对象的冷热程度完全一致，即达到热平衡状态。此时测温元件与被测对象的温度相等，通过测量测温元件的某一物理量（如体积、电阻、电量等），便可以定量地给出被测物体的温度数值。接触式温度计结构简单、可靠，测温精度较高，但是由于测温元件与被测对象必须经过充分的热交换且达到平衡后才能测量，容易破坏被测对象的温度场，同时测量过程延迟较大，不适于测量热容量小的对象、极高温的对象、处于运动中的对象，也不适于直接对腐蚀性介质进行测量。

非接触式测温时，测温元件不与被测对象接触，而是通过热辐射进行热交换，或测温元件接受被测对象的部分热辐射能,由热辐射能的大小来推测被测对象的温度。非接触式测温响应快,对被测对象的干扰小,可用于测量运动的被测对象和强腐蚀的场合,但缺点是容易受到外界因素的干扰,测量误差较大,且结构比较复杂,价格比较昂贵。

2.4.1 热电偶温度计

热电偶温度计是以热电效应为基础的测温仪表,在温度测量中应用极为广泛,它具有结构简单、制造方便、测量范围广、精度高、惯性小和输出信号便于远传等许多优点。另外,由于热电偶是一种无源传感器,测量时不需外加电源,使用十分方便,所以常被用于测量炉子、管道内的气体或液体的温度及固体的表面温度。

1. 热电效应

当有两种不同的导体或半导体 A 和 B 组成一个回路,其两端相互连接时,只要两接点处的温度不同,一端温度为 t,称为工作端或热端,另一端温度为 t_0,称为自由端(也称参考端)或冷端,回路中将产生一个电动势,该电动势的方向和大小与导体的材料及两接点的温度有关。这种现象称为热电效应(图 2-17),两种导体组成的回路称为热电偶,这两种导体称为热电极,产生的电动势则称为热电动势。

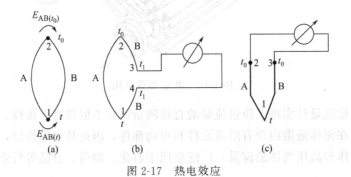

图 2-17 热电效应

热电偶中热电动势的大小,只与组成热电偶的导体材料和两接点的温度有关,而与热电偶的形状尺寸无关。当热电偶两电极材料固定后,热电动势便是两接点温度 t 和 t_0 的函数差。即:

$$E_{AB}(t,t_0)=E_{AB}(t)-E_{AB}(t_0) \tag{2-13}$$

式中,$E_{AB}(t)$ 表示工作端温度为 t 时在 A、B 接点处产生的热电势,$E_{AB}(t_0)$ 表示参考端温度为 t_0 时在 A、B 另一端接点处产生的热电势。

如果冷端 t_0 恒定,热电偶产生的热电动势就只随热端(测量端)温度的变化而变化,即一定的热电动势对应着一定的温度。我们只要用测量热电动势的方法就可达到测温的目的。

2. 第三导体

利用热电偶测量温度时,必须要用某些仪表来测量热电势的大小,这就需要接入连接导线 C,这样就在 AB 所组成的热电偶回路中加入了第三种导体,从而构成了新的节点。

在热电偶回路中接入第三种金属材料时,只要该材料两个接点的温度相同,热电偶所产生的热电势将保持不变,即不受第三种金属接入回路中的影响。因此,在热电偶测温时,可接入测量仪表,测得热电动势后,即可知道被测介质的温度。

3. 补偿导线

热电偶测量温度时要求其冷端的温度保持不变，其热电势大小才与测量温度呈一定的比例关系。若测量时，冷端的（环境）温度变化，将严重影响测量的准确性。

在实际应用时，由于热电偶的工作端与冷端离得较近，冷端容易受到周围环境温度波动的影响，温度难以保持恒定，如果把热电偶做得很长，使冷端远离工作端，又需要消耗很多贵金属材料，是不经济的。解决这一问题的方法是采用一种专用导线，将热电偶的冷端延伸出来，这种专用导线就称为"补偿导线"，如图2-18所示。

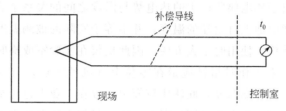

图 2-18　补偿导线连接图

补偿导线由两种不同性质的廉价金属材料制成，在一定温度范围内（0～1000℃）与所连接的热电偶具有几乎相同的热电性质。使用补偿导线相当于把热电偶延长，使冷端延伸到离热源较远、温度比较恒定的地方。

不同型号的热电偶所用的补偿导线也不同，对于镍铬-康铜等用廉价金属制成的热电偶，也可用其本身材料作为补偿导线。常用补偿导线见表2-1。

表 2-1　常用热电偶的补偿导线

补偿导线型号	配用热电偶的分度号	补偿导线材料		绝缘层着色	
		正极	负极	正极	负极
SC	S(铂铑$_{10}$-铂)	铜	铜镍	红	绿
KC	K(镍铬-镍硅,镍铬-镍铝)	铜	铜镍	红	蓝
EX	E(镍铬-康铜)	镍铬	康铜	红	棕

注：C为补偿型；X为延伸型。

4. 温度补偿

使用补偿导线将热电偶的冷端延伸到了温度比较稳定的操作室内，但冷端温度并不是0℃。由于显示仪表上的温度标尺分度或温度变送器的输出信号都是根据分度表来确定的，而热电偶的分度表都是在参考端温度为0℃的条件下得到的，测量值如果不经过修正就直接输出，测量结果就会产生误差。只有将冷端温度保持为0℃，或者对测量得到的热电势进行修正才能得到准确的测量结果，这就称为参考端的温度补偿。

一般采用以下几种方法进行修正：

冰浴法：将热电偶的冷端放入冰水混合物中，使冷端温度保持0℃，一般仅用于实验室。

计算法：补偿原理可以这样理解：

$$E(t,t_0) = E(t) - E(t_0) = E(t,0) - E(t_0,0)$$

或

$$E(t,0) = E(t,t_0) + E(t_0,0) \tag{2-14}$$

也就是说,只要将热电偶测得的热电势加上 $E(t_0,0)$ 即可。

[**例2.3**] 用镍铬-镍硅热电偶测量某加热炉的温度。测得的热电势 $E(t,t_1)=66982\mu V$,而自由端的温度 $t_1=30℃$,求加热炉的实际温度。

解:由附录五可以查得 $E(30,0)=1801\mu V$

则 $E(t,0)=E(t,30)+E(30,0)=66982+1801=68783\mu V$

再查附录五可以查得 $68783\mu V$ 对应的温度为 900℃。

需要说明的是,由于热电偶所产生的热电势与温度之间的关系是非线性的,因此将所测得的热电势对应的温度值加上自由端的温度,并不等于实际的被测温度。

计算法需要查表计算,使用时不太方便,因此也仅在实验室或临时测温时采用。

调零法:一般仪表未工作时指针应指在零位上(机械零点)。在冷端温度不为 0℃ 时,可预先将仪表指针调整到冷端温度,此法比较简单,故在工业上也经常应用,但必须明确指出,如果冷端温度不恒定,也会带来测量误差,所以只能在测温要求不太高的场合下应用。

电桥补偿法:利用不平衡电桥产生的电势,补偿热电偶因冷端温度变化而引起的热电势变化值。目前大部分智能仪表已经在硬件上设置了温度补偿模块,可以实现冷端温度的自动补偿。

5. 热电偶种类

理论上任意两种金属材料都可以组成热电偶,但实际使用过程中对热电极材料的要求很多。目前在国际上被公认的比较好的热电极材料只有几种,这些材料都是经过精选而且标准化了的,它们分别被应用在不同的温度范围内。工业上最常用的几种热电偶的测量范围和使用特点如表 2-2 所示。

表 2-2 工业常用热电偶的测温范围和使用特点

热电偶名称	分度号	测量温度范围/℃		特点
		长期	短期	
铂铑$_{10}$-铂铑$_5$	B	0~1600	1800	热电势小,测量温度高,精度高;适用于氧化性和中性介质;价格高
铂铑$_{10}$-铂	S	0~1300	1600	热电势小,线性差,精度高;适用于氧化性和中性介质;价格高
镍铬-镍硅	K	0~1000	1200	热电势大,线性好;适用于氧化性和中性介质,也可用于还原性介质;价格便宜,是工业上最常用的一种
镍铬-康铜	E	0~550	750	热电势大,线性差;适用于氧化性和弱还原性介质;价格低

2.4.2 热电阻温度计

热电阻温度计利用金属导体或半导体的电阻值随温度变化而变化的特性来进行温度

测量。

1. 金属热电阻

金属热电阻的感温元件是金属导体电阻,温度变化时,金属导体电阻的阻值也会发生变化,阻值与温度的关系一般表示为:

$$R_t = R_{t_0}[1+\alpha(t-t_0)] \tag{2-15}$$

式中,R_t 为温度 t 时的电阻值;R_{t_0} 为温度 t_0 时的电阻值;α 为电阻温度系数,即温度每升高 1℃ 时电阻的变化量。

可见,只要测出电阻值的变化,就可以达到测量温度的目的。

虽然大多数金属导体的电阻值都随温度的变化而变化,但它们并不是都能作为测温用的热电阻,目前应用最广泛的热电阻材料是铂和铜。

铂电阻:铂电阻多用于 −200～500℃ 的温度范围,优点是精度高,稳定性好,测量可靠;缺点是在还原性介质中使用时,特别是在高温下容易变脆,从而改变电阻和温度间的关系。工业上常用的铂电阻有两种,一种是 0℃ 时电阻值为 10Ω,对应的分度号为 Pt10,另一种是 0℃ 时电阻值为 100Ω,对应的分度号为 Pt100。

铜电阻:铜电阻多用于 −50～150℃ 的温度范围,优点是电阻温度系数大,线性度好,价格低廉;缺点是温度超过 150℃ 后容易被氧化,氧化后线性度变差。工业上常用的铜电阻有两种,一种是 0℃ 时电阻值为 50Ω,对应的分度号为 Cu50,另一种是 0℃ 时电阻值为 100Ω,对应的分度号为 Cu100。

2. 半导体热敏电阻

除上面介绍的金属材料制成的热电阻外,近年来用半导体材料制成的热敏电阻发展迅速。半导体热敏电阻是利用某些半导体材料的电阻值随温度的升高而变化的特性制成的。电阻值随温度升高而变小的,称为负温度系数(NTC)热敏电阻;电阻值随温度升高而增大的,称为正温度系数(PTC)热敏电阻。目前应用较多的是负温度系数热敏电阻。

半导体热敏电阻的主要特点是灵敏度高,热惯性小,寿命长,体积小,结构简单。因此,随着工农业生产以及科学技术的发展,这种元件已获得了广泛的应用。但半导体热敏电阻非线性严重。

2.4.3 膨胀式温度计

膨胀式温度计是基于物体受热时体积膨胀的性质而制成的。玻璃管温度计属于液体膨胀式温度计,双金属温度计属于固体膨胀式温度计。

玻璃管温度计是实验室常用的一类温度计,这种温度计具有结构简单、测量准确、读数直观、价格低廉、使用方便等优点。但是玻璃管温度计也有测量上限和精度受玻璃质量限制,易碎,不能远传和自动记录等缺点。

玻璃管温度计内的液体介质常用水银(汞)和乙醇两种。利用水银作为介质的好处是不易氧化变质,纯度高,常压下在 −38～356℃ 范围内能保持液态,特别是在 200℃ 以下,膨胀系数具有较好的线性度,所以普通的水银温度计常用于测量 −30～300℃ 的温度。如果测量 −30℃ 以下的温度,可以用乙醇、甲苯作为介质的玻璃管温度计。

双金属温度计中的感温元件是用两片线膨胀系数不同的金属片(图 2-19)叠焊在一起而制成的。双金属片受热后,由于两片金属片的膨胀长度不同而产生弯曲,温度越高,产生的线膨胀长度差就越大，因而引起弯曲的角度就越大，双金属温度计就是基于这一原理而制成的，它是用双金属片制成螺旋形感温元件，外加金属保护套管，当温度变化时，螺旋的自由端便围绕着中心轴旋转，同时带动指针在刻度盘上指示相应的温度数值。

双金属温度计结构简单、抗震性好、防爆、价格低廉，但是精度较低，其精度等级为1~2.5级。

图2-19 双金属片

2.4.4 辐射式温度计

辐射式温度计属非接触式测温仪表，是基于物体的热辐射特性与温度之间的对应关系设计而成的。辐射式温度计主要包括三个种类：光学高温计、辐射高温计、色比温度计。这三种温度计都能够做到不直接接触被测物体，弥补因高温而造成的人工测温的局限性，是我国目前广泛应用的温度计种类。

1. 光学高温计

光学高温计，它是根据物体单色辐射亮度随温度变化原理而制成的非接触式温度测量仪表。

2. 辐射高温计

辐射高温计是根据物体在整个波长范围内的辐射能量与其温度之间的函数关系设计制造的。

3. 色比温度计

色比温度计根据物体在两个不同波长下的光谱辐射亮度之比与温度之间的关系来实现辐射测温。

2.5 液位测量技术

在容器中，液体介质的高度称为液位，固体或颗粒状物质的堆积高度称为料位。测量液位的仪表称为液位计，测量料位的仪表称为料位计，而测量两种密度不同液体介质分界面的仪表称为界面计，上述三种仪表统称为物位检测仪表。接下来介绍几种常用液位计。

2.5.1 玻璃管液位计

玻璃管液位计（图2-20）是一种直读式液位测量仪表，通过法兰使玻璃管与容器连接构成连通器，透过玻璃管可以直接读出容器内液位的高度。玻璃管液位计适用于一般贮液设备中液体位置的现场检测，其结构简单，测量准确，是传统的现场液位测量工具。

为了防止玻璃管发生意外事故而破碎时容器内介质外流，通常玻璃管液位计两端均装有针形阀，针形阀内装有钢球，玻璃管发生破碎时，钢球在容器压力作用下会自动关闭针形阀。部分液位计在下端还装有排污阀，供取样、检修、冲洗或排液使用。

图2-20 玻璃管液位计

2.5.2 差压式液位计

差压式液位计（图 2-21）是利用容器内液位改变时，由液柱产生的静压也相应发生变化的原理而工作的。

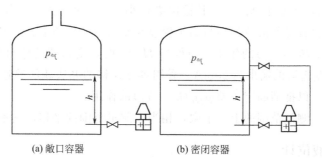

图 2-21 差压式液位计测量原理

设容器底部的压力为 p_B，液面上压力为 p_A，两者的距离即为液位高度 h，根据静力学原理：

$$\Delta p = p_B - p_A = \rho g h \tag{2-16}$$

由于液体密度 ρ 一定，知道了压差就可以求出液位高度。对于敞口容器来说，p_A 为大气压，只要测出 B 点的表压即可。对于密闭容器而言，需要测出 A、B 两点的压力差。

使用差压式液位计测量液位时，要注意零液位应与检测仪表取压口保持同一水平高度，否则会产生附加的静压误差。但现场往往由于客观条件的限制不能做到这一点，因此还需要对仪表进行量程和零点迁移。

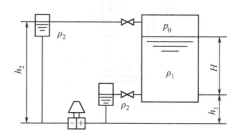

图 2-22 负迁移示意图

如图 2-22 所示，为防止容器内液体和气体进入变送器而造成管线堵塞或腐蚀，并保持负压室的液柱高度恒定，在变送器正、负压室与取压点之间分别装有隔离罐，并充以隔离液。若被测介质密度为 ρ_1，隔离液密度为 ρ_2（$\rho_2 > \rho_1$），这时正、负压室间的压力分别为

$$p_1 = \rho_2 g h_1 + \rho_1 g H + p_0 \tag{2-17}$$
$$p_2 = \rho_2 g h_2 + p_0 \tag{2-18}$$

正、负压室间的压差为

$$\Delta p = \rho_1 g H - \rho_2 g (h_2 - h_1) \tag{2-19}$$

式中，Δp 为变送器正、负压室的压差；H 为被测液位的高度；h_2 为正压室隔离罐液位到变送器的高度；h_1 为负压室隔离罐液位到变送器的高度。

从式(2-19)可以看出，当 $H = 0$ 时，$\Delta p = -\rho_2 g (h_2 - h_1)$，对比无迁移情况，相当于

在负压室多了一项压力，其固定数值为 $\rho_2 g(h_2-h_1)$。假定采用的是 DDZ-Ⅲ型差压变送器，其输出范围为 4~20mA 的电流信号。在无迁移时，$H=0$，$\Delta p=0$，这时变送器的输出为 4mA；$H=H_{max}$，这时变送器的输出为 20mA。但是有迁移时，根据式(2-19)可知，由于有固定差压的存在，当 $H=0$ 时，变送器的输入小于 0，其输出必定小于 4mA；当 $H=H_{max}$ 时，变送器的输入小于 Δp_{max}，其输出必定小于 20mA。为了使仪表的输出能正确反映出液位的数值，也就是使液位的零与满量程能与变送器输出的上、下限值相对应，必须设法抵消固定压差 $\rho_2 g(h_2-h_1)$ 的作用，使得当 $H=0$ 时，变送器的输出仍然回到 4mA，而当 $H=H_{max}$ 时，变送器的输出为 20mA。采用零点迁移的办法就能够达到此目的，即调节仪表上的迁移弹簧，以抵消固定压差 $\rho_2 g(h_2-h_1)$ 的作用。

迁移同时改变了测量范围的上、下限，相当于测量范围的平移，它不改变量程的大小。

2.5.3 磁翻板液位计

磁翻板液位计（也可称为磁性浮子液位计）是基于连通器和磁性耦合原理实现液位实时测量和显示的仪表。磁翻板液位计的整体结构如图 2-23 所示。

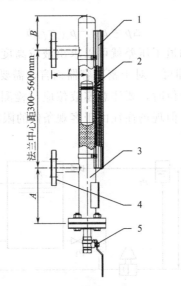

图 2-23 磁翻板液位计
1—指示器；2—磁浮子；3—浮筒；4—连接法兰；5—排污阀

被测容器中的液位发生改变时，浮筒内的磁浮子会随之上下浮动，浮子内的永久磁铁通过磁耦合传递到磁翻柱指示器，驱动红、白翻柱翻转 180°，当液位上升时，翻柱由白色转变为红色，当液位下降时，翻柱由红色转变为白色，指示器的红白交界处为容器内部液位的实际高度，从而实现液位的清晰指示。

磁翻板液位计指示直观，结构简单，测量范围大，不受容器高度的限制，可以取代玻璃管液位计，用来测量有压容器或敞口容器内的液位。指示机构不与液体介质直接接触，特别适用于高温、高压、高黏度、有毒、有害、强腐蚀性介质，且安全防爆。除就地指示外还可以配备报警开关和信号远传装置，实现远距离的液位报警和监控。

第3章 实验误差的估算与分析

人类为了认识自然和改造自然，不断地对自然界的各种现象进行定量研究，这就需要借助于实验和测量手段。但由于实验方法和实验设备的不完善、周围环境的影响，以及受人们认识能力所限等，测量值和真值并不一致，不可避免地存在着差异，这就是误差。

随着科学技术的日益发展和人们认识水平的不断提高，虽可将误差控制得越来越小，但并不能完全消除它。误差存在的普遍性和必然性，已为大量实践所证明，为了充分认识进而减小或消除误差，必须对测量过程和科学实验中存在的误差进行研究。

对误差的研究本身形成了误差理论，它是在实践的基础上发展起来的。本书只阐述那些与我们的实验结果处理有关的一些基本概念和方法。

3.1 误差的基本概念

3.1.1 测量

测量就是人们借助专门设备，通过实验的方法，对客观事物取得测量结果的认识过程，它是通过实验把一个量（被测量）和作为比较单位的另一个量（标准）相比较的过程。测量是研究误差的前提，根据取得测量结果的方法不同，可以把测量分为直接测量和间接测量。把被测量与作为测量标准的量直接进行比较，或用预先按标准校对好的测量仪器对被测量进行测量，通过测量能直接得到被测量数量大小的测量结果，称为直接测量。在工程测量中，如对时间、长度、质量进行的测量和用专用仪表对压力、温度进行的测量都是直接测量。被测量不能用直接测量的方法得到，而必须通过一个或多个直接测量值，利用一定的函数关系运算才能得到，称为间接测量。间接测量在科学研究中用得最多，因为在许多情况下，用直接测量的方法不能得到被测量，或是能够测得被测量但测量过程比较复杂。

3.1.2 真值

真值也叫定义值，是指某物理量客观存在的实际值。由于误差存在的普遍性，通常真值是无法测量的，是一个理想值。在实验误差分析过程中，一般通过如下方法来选取真值。

1. 理论真值

这一类真值是可以通过理论证实而知的值。例如，平面三角形的内角和为$180°$；某一量与其自身之差为0，与其自身之比为1，以及一些理论设计值和理论公式表达值等。

2. 相对真值

在某些过程中，通常使用高精度级标准仪器的测量值代替普通测量仪器的测量值的真值，称为相对真值。例如，用标准气柜测量得到的流量值相对于转子流量计及孔板流量计指示的流量而言是真值。

3. 近似真值

若在实验过程中，测量的次数无限多，根据误差分布规律可知，正负误差出现的概率相等，故将各个测量值相加，并加以平均，在无系统误差的情况下，可能获得很接近真值的数值。所以近似真值是指观测次数无限多时，求得的平均值。然而，由于观测的次数有限，用有限的观测次数求出的平均值，只能近似于真值，并称此为平均值。

3.1.3 误差的表示方法

1. 绝对误差

绝对误差是测量值 x 与真值 μ 间的差值，可表示为：$\delta = x - \mu$。一般来说，真值是未知的，实际处理办法是先通过测试得到 x，而后估计真值 μ。若能估计出绝对误差的大小，则也可以估计出真值 μ 的范围，因此在实际应用中，测试误差的含义是对被测值 x 给出一个最小的范围，真值 μ 必定落在这个范围之内。此外也常用比当前测量仪器高一级的精密仪器的测得值作为相对真值，这些情况下测量结果都用 $x \pm |\delta|$ 来表示，显然 $|\delta|$ 越小，测试的精度就越高。

2. 相对误差

相对误差是指绝对误差 δ 和真值 μ 的比值，即 $\gamma = \delta/|\mu|$。当绝对误差较小时，也可近似等于 $\delta/|x|$，它们通常用百分数来表示。

绝对误差和相对误差都可用来判断测试的准确程度，但在比较不同类量或同类量但不同值下的测试情况时，相对误差较为有用。例如用测量工具 A 测试某物体的长度时，测得 $x_A = 100$mm，极限误差为 0.1mm；而用另一种测量工具 B 测试另一物体的长度时，测得 $x_B = 10$mm，其极限误差为 0.05mm。如仅以绝时误差而言，B 优于 A，但就这两次测量结果的相对误差作比较时，A 的相对误差 $r_1 = 0.1/100 = 0.1\%$，B 的相对误差 $r_2 = 0.05/10 = 0.5\%$，很明显，A 的相对误差要小得多。

3. 引用误差

引用误差是一种简化的和使用方便的相对误差。常常在多挡和连续分度的仪器中应用，这类仪器的可测范围不是一个点而是一个量程，各分度点的示值和其对应的真值都不一样，这时若按前面公式计算相对误差时，所用的分母也不一样，计算比较麻烦。为了便于计算和划分准确度等级，一律取该仪器的量程或测量范围上限值为分母来表示相对误差，称为引用误差。

引用误差是指仪器示值的绝对误差与测量范围上限值或量程之比值，以百分数表示。例如，电工仪表的准确度等级常用的有 0.25，0.4，1.5，2.5，4.0 等，它们都用一个小圈内标有相应等级的数字印在仪表面板上。若某仪表为 S 级，则说明该表在出厂时规定的条件下，此仪表的最大引用误差不会超过 $S\%$。

仪表上的准确度等级可以用来比较和选择仪表,并预先估计仪表可能引起的误差值,进行实验设计。但在选用仪表时,要纠正单纯追求准确度等级"越高越好"的倾向,而应根据被测量的大小,兼顾仪表的等级和测量上限或量程来合理地选择仪表。

[**例 3.1**] 某待测的电压约为 100V,现有 0.5 级 0~300V 和 1.0 级 0~100V 两种电压表,问用哪一种电压表测量较好?

解:用 0.5 级电压表测时,最大相对误差:

$$r_1 = 量程 \times 仪表等级 / 测量点 = 300 \times 0.5 / 100 = 1.5\%$$

用 1.0 级电压表测时,最大相对误差:

$$r_2 = 量程 \times 仪表等级 / 测量点 = 100 \times 1.0 / 100 = 1.0\%$$

选用 1.0 级电压表测量较好。

此例说明,如果量程选择恰当,用 1.0 级仪表进行测量比用 0.5 级仪表测量时的最大相对误差还要小。这就是使用这类仪表时希望在仪表 2/3 量程以上处进行测量的原因。

4. 算术平均误差

对于若干次测量的集合,即在同一条件下的多次测量值,其误差通常用算术平均误差和标准误差表示。

算术平均误差是各次测量的误差的平均值:

$$\Delta = \frac{\sum_{i=1}^{n} |x_i - \overline{x}|}{n} \tag{3-1}$$

5. 标准误差

标准误差又称为均方根误差,对有限次测量应按式(3-2)计算,此时计算的实际上是样本标准差。

$$S = \sqrt{\frac{\sum_{i=1}^{n}(x_i - \overline{x})^2}{n-1}} \tag{3-2}$$

标准误差是目前常用的一种表示精确度的方法,它不但与一系列测量值中每个数据都有关,而且对其中较大的误差或较小的误差敏感性很强,能较好地反映各个测量值对其平均值的分散程度。实验愈精确,其标准误差愈小。

6. 极限误差

极限误差 $\delta_{\lim}$ 表示在一定测试条件下的测得值对其真值的最大绝对误差,是各误差不应超过的界限,对于服从正态分布的测量误差,一般取标准误差的某个倍数作为极限误差。

3.1.4 准确度、精密度与正确度

测量结果的好坏,也常用下面几个概念来描述。

1. 准确度(精确度)

准确度指测量结果与真值的一致程度,它反映的是测量结果中系统误差与随机误差综合影响的程度。

2. 精密度

精密度是指在一定条件下进行某量的多次重复测量时所得到的结果之间相互符合的程度。它反映的是测量结果中随机误差的影响程度。

3. 正确度

正确度反映测量结果中系统误差的大小程度。

对测量仪表或测量结果而言，精密度好与正确度好是两个概念，彼此间不一定有必然的联系。但是准确度好则必然是精密度和正确度都好的结果。要获得准确度高的测量结果，就必须设法减少测量中的偶然误差和系统误差。

为了说明准确度、精密度与正确度之间的关系，可用图3-1帮助理解，图3-1（a）说明随机误差小而系统误差大，其精密度高而正确度低；图3-1（b）说明系统误差小而随机误差大，其正确度高而精密度低；图3-1（c）说明系统误差和随机误差都小，其精确度高。

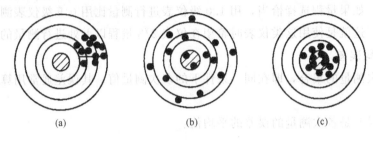

图3-1　准确度、精密度与正确度关系图

3.1.5　误差的来源

在测量过程中，误差可能由以下几个方面来产生。

1. 工具误差

工具误差即测量仪器和工具本身由于构成它的各个环节的不完善，或者由于对它们标定时标准器量值有误差等而引起的误差。

2. 刻度误差与机构误差

刻度误差与机构误差即刻度值不准确或机构磨损而引起的误差，可以用高一级精度的仪表对此使用仪表定期重新标定以减少这类误差。

3. 读数误差

这是由于仪表面板读数分辨率不高而引起的误差。如第一个仪表可读出9.44，而第二个仪表只能读出9.4，这个误差通常与仪表精度是对应的，仪表刻度的分辨率不能超过其精度等级。

4. 调整误差

仪表、量具等没有调整到规定状态而引起的误差为调整误差。例如仪器在使用时没有调整到水平、垂直、平行等理想状态，其中零点误差是很常见的，即没有把仪表调整到规定的零点，因而引起相应的误差。

5. 动态误差

由于仪表从感受测量值的变化到示值往往有一个滞后或阻尼，因此测量值随时间脉动的情况也是测量误差的一个来源。

6. 方法误差

由于测量方法不完善或理论上有缺陷所引起的误差为方法误差。例如在推导测量结果的表达式时，有些影响因素没有反映进去；又如用低温下操作的热电偶去测量高温因而引起材料性质的变化，用静态压力传感器去测量动态压力等，均会引起这类误差。它们是研究人员在实验设计时就必须设法排除的。

7. 人员误差

人员误差为由于测量者感觉器官的生理变化、反应速度和固有习惯不同而引起的不同人员间测量结果的差别。养成使用仪器的正确习惯是很重要的。例如，有的指针仪表面板上有镜面装置，读数必须在指针和镜面中影像重合条件下进行；液柱压差计中由于毛细作用液面不平，水面应取凹面的底部作为测量点，水银面则取凸部作为测量点，在人眼与之相平的条件下进行读数等。

8. 环境误差

环境误差为由于环境条件与仪器要求的标准状态不一致，或者由于环境条件在测量过程中变化而引起测量结果的误差，这些在要求高准确度的测量中是必须注意的，解决这类误差的办法，一是设法保持要求的环境条件，二是设法对它们的影响进行修正。

3.1.6 误差的分类

一般来说，误差会随着不同的测量次数或不同的测量时间而不同，但有些误差会表现出明显的确定的规律性，根据误差的不同特性，人们将误差分为系统误差、随机误差（偶然误差）和粗大误差（过失误差）三类。

1. 系统误差

系统误差是在相同的条件下，对被测量进行多次测量（等精度测量），其误差的绝对值和符号保持恒定，或在测量条件改变时按某一确定规律变化的误差。所谓按确定的规律，是指这种误差可以归结为某一个或几个因素的函数，这种函数可以用解析式或图表来表示。例如单管压差计的液柱高度 h 由于大杯液面变动未计入而引起的绝对误差是大杯直径 D 与管径 d 的函数；尺子的长度是温度的函数等。系统误差的出现，一般是有规律的，产生系统误差的原因往往是可以找到的，可以通过对实验值进行修正或对设备、仪器加以校正来消除系统误差，但是它不能通过多次测量来消除。零值误差也是一种系统误差，它可以通过调整零点来消除。

2. 随机误差（偶然误差）

随机误差是在实际相同的条件下，多次测定同一被测值时，得到的误差的绝对值时大时小，误差的符号时正时负，以不可预见的方式变化的误差。随机误差的分布服从统计规律，因而众多随机误差之和有正负相消的机会，随测量次数的增加，随机误差的个数也增加，其平均值则愈来愈小，并以零为极限。因此，多次测量的平均值的随机误差必小于单个测量值的随机误差。随机误差是各种因素随机的微小变化联合作用的结果，因而每个随机误差个体的出现规律是不可预见的，一般说来，随机误差存在以下特点：

（1）在测量过程中，绝对值小的误差比绝对值大的误差出现的概率大。这种特性称为单峰性；

(2) 正负误差出现的概率相等，即对称性；

(3) 在一定条件下，误差绝对值不会超出某个限度，即有界性；

(4) 相同条件下多次测量，其误差平均值随测量次数的增加趋近于零，即抵偿性。抵偿性是随机误差最本质的统计特征，也可以认为凡具有这种抵偿性的误差原则上都可按随机误差处理。随机误差是误差理论的主要研究对象，大量实验证明，随机误差的分布满足正态分布。

3. 粗大误差（过失误差）

粗大误差也称过失误差，它是由于某种人为过失或外界条件突然异常波动（以人为过失为主）而产生的明显与测量对象不符的误差。因此，粗大误差是非正常条件下得到的数据，是不可信的，在处理数据时，应设法予以剔除。由于粗大误差也常带有随机性，可以运用统计理论为指导来进行辨别和坏值剔除。

综上所述，在剔除坏值以后作误差分析时，要估计的误差通常只有系统误差和随机误差两类。一个实验结果的误差是以系统误差为主还是随机误差为主，要根据情况来分析。对化工类实验，由于影响因素众多，在实验过程中，这些因素的波动难以避免：如电源电压的波动，泵和压缩机流量的脉动，阀门等局部阻力情况的变化都会引起随机误差的增大；对于同一个间接测量过程，很难在完全相同的条件下重复多次测量，因而实验结果的随机性就大。在这种情况下，我们把随机误差作为主要内容来估计实验误差，有利于简化问题、节省工作量。例如在用孔板流量计测速过程中，它的压差示值不断波动产生的随机误差就比系统误差大得多。如果先对可能发生系统误差的环节进行校正，对某些已知的系统误差值从观测结果中进行修正，并忽略某些数量级很小的系统误差，就可以集中力量处理随机误差。

在工程计算中，如系统误差小于或等于总误差的 1/20（更粗略地也可取 1/10）以上，也可忽略系统误差而不致改变总误差的性质。

值得注意的是，误差的性质是可以在一定的条件下相互转化的。对某项具体误差，在此条件下为系统误差，而在另一条件下可为随机误差，反之亦然。如按一定基本尺寸制造的量块，存在着制造误差，对某一块量块的制造误差是确定数值，可认为是系统误差；但对一批量块而言，制造误差是变化的，又成为随机误差。

掌握误差转化的特点，可将系统误差转化为随机误差，用数据统计处理方法减小误差的影响，或将随机误差转化为系统误差，用修正方法减小其影响。如角度盘某一分度线只有一个恒定的系统误差，但各分度线的误差却有大有小，有正有负，对整个角度盘分度线的误差来说具有随机性质。如果用角度盘的固定位置测量定角，则误差恒定；如果用角度盘的各个不同位置测量该角，则误差时大时小，时正时负，就随机化了。这种办法常称之为随机化技术。

在实际的科学实验与测量过程中，人们常利用这些特点来减小实验结果的误差。例如，当实验条件稳定且系统误差可掌握时，就尽量保持在相同条件下做实验，以便修正掉系统误差；当系统误差未能掌握时，就可以采用随机化技术，使系统误差随机化，以便得到抵偿部分系统误差后的结果。

总之，随着对误差性质认识的深化和测试技术的发展，有可能把过去作为随机误差的某些误差分离出来作为系统误差处理，或把某些系统误差当作随机误差来处理。

3.1.7 有效数字

测量和实验结果都是用一定位数的数字来表示的,位数太多或太少都不符合科学原则,位数太少会影响结果的准确度,但位数越多结果表达越准确的看法也是没有根据的,因为测量仪表和实验装置都会带来一定的误差,位数再多也不能把这种客观存在的误差消除掉。不要使数字准确度超过实际仪表精度能达到的水平,不便于检验和引用。数据的正确写法是所有的位数中只有最后一位是欠准或不确定的,这些数字就是有效数字。实验数据的记录和运算均应遵守有效数字的规则。

1. 从 0 到 9 十个数字除前面作定位用的 0 不是有效数字外,其它都是有效数字。如 0.0103 这个数,只有后面的三位数是有效数字,而小数点前后的两个 0 是定位用的;又如 3002 这个数,有效数字是四位。由此可见,并不是小数点后数字越多就越准确,因为小数点的位置可随测量单位选取而变化。如 762.5mm,76.25cm,0.7625m 这三个数据的有效数字都是四位,其表达的准确度相同。非零数字后面的零也不一定是有效数字,如 5200 是 4 位还是 2 位有效数字,取决于后面的两个 0 是否用于定位,因此为了明确地读出有效数字的位数,应该用科学计数法表示。如果 5200 的有效数字为 4 位,可写为 5.200×10^4;有效数字是两位,可写为 5.2×10^4。这种记数法的特点是小数点前面永远是一位非零数字,"×"号前面的数字都为有效数字。

2. 数据的有效数字的位数首先是由测量仪表的精确度所决定的。通常可读到仪表刻度最小分度值的下一位。例如一支 50mL 的滴定管,它的最小刻度是 0.1mL,读数可取到 0.01mL(估计值),若其读数为 30.24mL,则其有效数字为四位,其中最后一位为估计值,前三位为可靠值。

3. 既然一个数值的精确程度是由测量本身决定的,在整理数据和运算时就不必保留过多的数字位数,每一个数据中只保留一位欠准数字(估计数字),其后的多余位数一律舍去。

4. 数字舍入规则

采用四舍五入的规则来取舍可能会使所得数据系统地偏大。为此作补充规定,即四舍六入,如果要舍去位上的数为五时,则当前一位为奇数时,采用五入,前一位为偶数时采用五舍,这样可使舍入过程中的误差成为偶然误差而不致形成系统误差。例如下列数字当保留四位有效数字时可取:

3.14159→3.142;   4.51050→4.510

5.6235→5.624;   6.37850→6.378

5. 有效数字计算规则

(1) 几个数相加或相减,其结果的有效数字由原来各数中小数点后位数最少的数来决定。

$$119 + 32.5 + 0.0324 = 151.5324$$

我们取最后结果为 152,这是根据原来各数中 119 这个数有三位,因此决定了最后结果也是三位,它的最后一位有效数字是个位数。

(2) 计算有效数字位数,第一位有效数字等于或大于 8,则有效数字可多计一位,如 9.13 可认为是四位有效数字 9.130。

（3）几个数相乘或相除，其结果的有效数字位数，与原来各数中有效数字最少的那个数相同。如 1.234×162＝199.908，最后结果取为 200，这是根据 162 这个数字的位数来决定的（有效数字三位）。

（4）在对数计算中，所取对数的定值部分的位数应与原数的有效数字位数相同。如 lg3151.6＝3.49853，其中原数 3151.6 有五位，故取对数后，定值部分（即小数点以后部分）也有五位。

（5）所有计算中，常数 π、e 以及乘除因子 $1/e$、$\sqrt{2}$ 的有效数字位数可根据情况需要取多少位就取多少位。

（6）在求平均值时，如为四个以上的数求平均，则平均值的有效数字的位数可增加一位。

（7）数据有效数字应与其误差的有效位数相对应。例如 2.764±0.029 是合适的，而 1.564±0.08 或 4.56±0.074 就应改写为 1.56±0.08 或 4.56±0.07。通常误差只取 1～2 位有效数字。

必须说明，有效数字及其运算规则只能用于实验数据的记录和运算，不能代替误差的计算。

3.2 随机误差

3.2.1 随机误差的正态分布

大量的实验证明，随机误差服从正态分布，又称为高斯（Gauss）分布。按照概率论，正态分布的密度函数 $f(x)$ 用式(3-3)计算。

$$f(x)=\frac{1}{\sigma\sqrt{2\pi}}e^{-\frac{(x-\mu)^2}{2\sigma^2}} \tag{3-3}$$

式中，x 是测量值，参数 σ、μ 是正态分布的数字特征。这两个参数确定之后，正态分布的密度函数曲线也就确定了（图 3-2）。

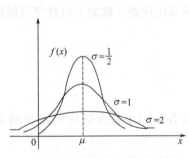

图 3-2 标准正态分布曲线

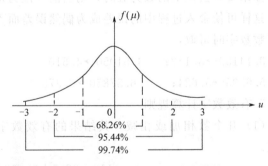

图 3-3 不同 σ 值的正态分布曲线

在测量次数很多、测量值误差分布服从正态分布时，其算术平均值 $\bar{x}$ 趋于真值 μ，μ 称为数学期望，σ^2 称为总体方差，σ 称为总体标准差。从图 3-2 可以看出，σ 越小，曲线越陡峭，随机变量 x 离散程度越小；σ 越大，随机变量 x 的离散程度越大，曲线分布越宽。相关的计算式如下：

算术平均值：

$$\overline{x} = \frac{1}{n}\sum_{i=1}^{n} x_i \tag{3-4}$$

总体方差：

$$\sigma^2 = \frac{\sum_{i=1}^{n}(x_i - \mu)^2}{n} = \frac{\sum_{i=1}^{n}(x_i - \overline{x})^2}{n} \tag{3-5}$$

总体标准差：

$$\sigma = \sqrt{\frac{\sum_{i=1}^{n}(x_i - \mu)^2}{n}} = \sqrt{\frac{\sum_{i=1}^{n}(x_i - \overline{x})^2}{n}} \tag{3-6}$$

令 $u = \dfrac{x-\mu}{\sigma}$ 作数学变换，正态分布的密度函数可简化为：

$$f(u) = \frac{1}{\sqrt{2\pi}} e^{-\frac{u^2}{2}} \tag{3-7}$$

$f(u)$ 称为标准正态分布，分布曲线如图 3-3 所示。

若将误差以标准差的倍数表示，从图中可以看出，测量值 x 出现在 $\overline{x} \pm \sigma$ 区间的概率为 68.26%，不出现在该区间的概率为 31.74%；测量值 x 出现在 $\overline{x} \pm 3\sigma$ 区间的概率为 99.74%，不出现在该区间的概率仅为 0.26%；在统计上，把出现的概率用 $1-\alpha$ 表示，不出现的概率用 α 表示，α 也称为检验水平。若 α 取 0.05，就是说，有 95% 的把握说明测量值应该出现在这个区间。

3.2.2 随机误差的 t 分布

通常在实际的实验室测试工作中，都是小样本实验或小样本监测，测量次数 n 大多小于 30，不符合正态分布适应于大样本的要求。由于小样本观测的结果不能代表总体，所以也不能求得总体平均值和总体标准差。这样，以正态分布为基础的统计推断会使实验工作者得出错误的结论，此时可以使用统计检验中应用十分广泛的学生 t-分布（简称 t 分布）。

总体方差和总体标准差分别用样本方差和样本标准差来代替，计算式如下：

样本方差：

$$S^2 = \frac{\sum_{i=1}^{n}(x_i - \overline{x})^2}{n-1} \tag{3-8}$$

样本标准差：

$$S = \sqrt{\frac{\sum_{i=1}^{n}(x_i - \overline{x})^2}{n-1}} \tag{3-9}$$

定义统计量

$$t = \frac{\overline{x} - \mu}{S/\sqrt{n}} \tag{3-10}$$

t 分布的密度函数为：

$$f(t) = \frac{\Gamma\left(\dfrac{n}{2}\right)}{\Gamma\left(\dfrac{n-1}{2}\right)\sqrt{(n-1)\pi}} \left(1 + \frac{t^2}{n-1}\right)^{-\frac{n}{2}} \tag{3-11}$$

式中，n 表示样本容量，f 为自由度，$f = n - 1$，不同自由度下的 t 分布曲线见图 3-4。

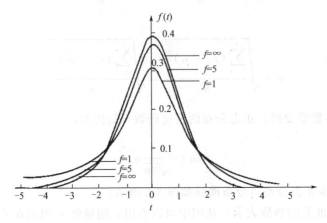

图 3-4 不同自由度下的 t 分布曲线

t 分布曲线的中间比正态分布低，两侧翘得比正态分布略高，它的形状随自由度而变，当自由度小于 10 时，t 分布曲线与正态分布曲线差别较大。当自由度大于 20 时，t 分布曲线逐渐逼近于正态分布；当自由度趋向无限大时，t 分布曲线就完全成为正态分布曲线。

总之，在无限多次的测量中，随机误差和测量值服从正态分布；而在有限次数特别是次数很少（小于 10 次）的测量中，随机误差和测量值遵从 t 分布。

3.3 可疑值的判断与处理

样本异常值是指样本中的个别值，其数值明显偏离它所在样本的其余观测值。异常值可能仅仅是数据中固有的随机误差的极端表现，属于"随机误差大的正常值"，也可能是过失误差造成的"异常坏值"。如果一系列测量中混有"坏值"，必然会歪曲实验的结果，若能将该坏值剔除不用，就一定会使结果更符合客观情况。反过来说，一组正确测量值的分散性，本来是客观地反映了应用某种仪器在某种特定条件下进行测量的随机波动特性，若为了得到精度更高的结果，而人为地丢掉一些误差大一点的、但不属于坏值的测量值，得到的所谓分散性很小、精度很高的结果，实质上是虚假的。所以，怎样正确剔除"坏值"，是实验中经常碰到的问题。

在实验过程中，对仪器突然跳动、读错、记错、突然震动而造成的测量坏值，应该随时发现，随时剔除，重新进行实验。但是，有时整个实验做完后，也不能确知哪一个测量值是"坏值"，这时，就必须用统计判别法进行判断。

3.3.1 拉依达准则

拉依达准则又称为 3σ 准则，是基于正态分布，以最大误差取 $\pm 3\sigma$ 进行的可疑值判断方法。

假设对某量进行等精度独立测量得到测量值 $x_1, x_2, \cdots, x_n$，算出平均值 $\overline{x}$ 及标准差 σ。如果某个测量值 x_i 的偏差 $d_i (d_i = x_i - \overline{x})$ 满足 $|d_i| \geqslant 3\sigma$ 就认为 x_i 是含有过失误差的坏值，须剔除。对于正态分布，误差绝对值大于 3σ 的概率只有 0.26%，属于小概率事件，因此在一次实验中可以认为不会发生。

这种方法最大的优点是计算简单，而且不需要查表，应用十分方便，但如果实验点数较少，就无法用此法将坏点剔除。如 $n=10$ 时，

$$\sigma = \sqrt{\frac{\sum_{i=1}^{10}(x_i - \overline{x})^2}{9}} = \frac{1}{3}\sqrt{\sum_{i=1}^{10}(x_i - \overline{x})^2}$$

$$3\sigma = \sqrt{\sum_{i=1}^{10}(x_i - \overline{x})^2} \geqslant |d_i|$$

此时，任一测量值引起的偏差都不可能大于 3σ，所以无法将其中的坏值剔除。

3.3.2 肖维勒准则

肖维勒认为，坏值究竟应该大于标准差 σ 的多少倍，与实验次数 n 有关，可以用肖维勒系数 ω_n 表示这个倍数，并且提出了如表 3-1 所示的数值表。

表 3-1 肖维勒系数数值表

n	ω_n	n	ω_n	n	ω_n	n	ω_n
3	1.36	10	1.96	17	2.17	24	2.31
4	1.53	11	2.00	18	2.20	25	2.33
5	1.65	12	2.03	19	2.22	30	2.39
6	1.73	13	2.07	20	2.24	50	2.58
7	1.80	14	2.10	21	2.26	100	2.81
8	1.86	15	2.13	22	2.28	200	3.02
9	1.92	16	2.15	23	2.30	500	3.20

假设对某量进行等精度独立测量得到测量值 $x_1, x_2, \cdots, x_n$，算出平均值 $\overline{x}$ 及标准差 σ。如果某个测量值 x_i 的偏差 $d_i (d_i = x_i - \overline{x})$ 满足 $|d_i| \geqslant \omega_n \sigma$，就认为 x_i 是含有过失误差的坏值，须剔除。

需要说明的是，肖维勒准则只是一种经验方法，其统计学理论依据并不完整。肖维勒准则还有一个缺点，就是置信水平不一致，即 n 不同，置信水平也不同。在某些情况下，人们希望在固定的置信水平下讨论问题，此时，可以使用下面提到的格拉布斯准则进行判断。

3.3.3 格拉布斯准则

对某量进行等精度独立测量得到测量值 $x_1, x_2, \cdots, x_n$，算出平均值 $\overline{x}$ 及标准差 σ。

如果某个测量值 x_i 的偏差 d_i（$d_i = x_i - \bar{x}$）满足 $|d_i| \geq g_0 \sigma$ 就认为 x_i 是含有过失误差的坏值，须剔除。

格拉布斯准则与肖维勒准则有相似之处，不过格拉布斯准则中的系数 g_0 是由置信水平 α 与测量次数 n 共同确定的，可通过表 3-2 查出。置信水平 α（也称置信度）是指测量值 x_i 的偏差超出置信区间的可能性，置信水平 α 不宜选得太小。

表 3-2 格拉布斯判据表

n	显著水平 α				n	显著水平 α			
	0.05	0.025	0.01	0.005		0.05	0.025	0.01	0.005
	$g_0(n,\alpha)$					$g_0(n,\alpha)$			
3	1.153	1.155	1.155	1.155	17	2.475	2.620	2.785	2.894
4	1.463	1.481	1.492	1.496	18	2.504	2.651	2.821	2.932
5	1.672	1.715	1.749	1.764	19	2.532	2.681	2.854	2.968
6	1.832	1.887	1.944	1.973	20	2.557	2.709	2.884	3.001
7	1.938	2.020	2.097	2.139	21	2.580	2.733	2.912	3.031
8	2.032	2.126	2.221	2.274	22	2.603	2.758	2.939	3.060
9	2.110	2.215	2.323	2.387	23	2.624	2.781	2.963	3.087
10	2.176	2.290	2.41	2.482	24	2.644	2.802	2.987	3.112
11	2.234	2.355	2.485	2.564	25	2.663	2.822	3.009	3.135
12	2.285	2.412	2.550	2.636	26	2.681	2.841	3.029	3.157
13	2.331	2.462	2.607	2.699	27	2.698	2.859	3.049	3.178
14	2.371	2.507	2.659	2.755	28	2.714	2.876	3.068	3.199
15	2.409	2.549	2.705	2.806	29	2.730	2.893	3.085	3.218
16	2.443	2.585	2.747	2.852	30	2.745	2.908	3.103	3.236

需要说明的是，不管采用何种方法，当几个可疑数据同时超过判别准则时，应先剔除其中偏差最大的一个，然后继续判别，而不能将它们同时一起删除。如果可疑数据太多，则应该考虑是否测量系统发生了问题，待排除故障后重新测量。

[例 3.2] 对某量进行 20 次等精度测量，测得的结果见表 3-3，判断该测量中是否含有过失误差。

表 3-3 对某量进行 20 次等精度测量结果表

0.84	0.82	0.86	0.77	0.76	0.79	0.82	0.81	0.75	0.76
0.83	0.90	0.80	0.79	0.73	0.60	0.85	0.76	0.78	0.80

解：（一）用拉依达准则判断

由于 $\bar{x} = 0.79$，$\sigma = 0.06$，$3\sigma = 0.18$，$\bar{x} - 3\sigma = 0.61$，$\bar{x} + 3\sigma = 0.97$，所以测量值小于 0.61 或测量值大于 0.97 的都可以认为是坏值，是由过失误差造成的。对照表 3-3 检查发现，只有 0.60 不在上述范围内，应予剔除。

剔除 0.60 后，重新计算算术平均值和标准差，得：$\bar{x}=0.84$，$\sigma=0.06$，$3\sigma=0.18$，$\bar{x}-3\sigma=0.66$，$\bar{x}+3\sigma=1.02$，所以测量值小于 0.66 或测量值大于 1.02 的都可以认为是坏值，对照表 3-3 检查，剩余的 19 个数据均在此范围内，没有过失误差造成的坏点，应该全部保留。

（二）用肖维勒准则判断

由于 $\bar{x}=0.79$，$\sigma=0.06$，查表 3-1 可知，测量次数 n 为 20 时，肖维勒系数 $\omega_n=2.24$，则 $2.24\sigma=0.14$，$\bar{x}-2.24\sigma=0.65$，$\bar{x}+2.24\sigma=0.93$，所以测量值小于 0.65 或测量值大于 0.93 的都可以认为是坏值，是由过失误差造成的。对照表 3-3 检查发现，只有 0.60 不在上述范围内，应予剔除。

剔除 0.60 后，重新计算算术平均值和标准差，得：$\bar{x}=0.84$，$2.24\sigma=0.14$，$\bar{x}-2.24\sigma=0.70$，$\bar{x}+2.24\sigma=0.98$，所以测量值小于 0.70 或测量值大于 0.98 的都可以认为是坏值，对照表 3-3 检查，剩余的 19 个数据均在此范围内，没有过失误差造成的坏点，应该全部保留。

（三）用格拉布斯准则判断

由于 $\bar{x}=0.79$，$\sigma=0.06$，查表 3-2 可知，测量次数为 20 次，α 取 0.05 时 $g_0=2.557$，则 $2.557\sigma=0.16$，$\bar{x}-2.557\sigma=0.63$，$\bar{x}+2.557\sigma=0.95$，因此测量值小于 0.63 或测量值大于 0.95 的都可以认为是坏值，是由过失误差造成的。对照表 3-3 检查发现，只有 0.60 不在上述范围内，应予剔除。

剔除 0.60 后，重新计算算术平均值和标准差，得：$\bar{x}=0.84$，$2.557\sigma=0.15$，$\bar{x}-2.557\sigma=0.69$，$\bar{x}+2.557\sigma=0.99$，所以测量值小于 0.69 或测量值大于 0.99 的都可以认为是坏值，应予剔除。检查发现，剩余的 19 个数据均在此范围内，应该全部保留。

3.4　测量结果的区间估计

实验测定的目的就是要通过对局部样本有限次数的测量来推断出总体的均值，用平均值代替真值。但是由于各种误差的存在，样本平均值不可能完全等于总体平均值，因此不能使用一个值来估计总体均值，而宜于用一个包括总体均值的区间来进行估计，这种区间包括样本的均值和合理的误差范围。这种估计的方法，叫做区间估计。

在进行区间估计时，要以一定的概率来估计总体均值含在某个区间之中，则这一区间称为置信区间。置信区间的端点称为置信限。总体平均值 μ 的置信区间可表达如下：

$$\mu = \bar{x} \pm \frac{S}{\sqrt{n}} t_{\alpha,f} \tag{3-12}$$

式中，$t_{\alpha,f}$ 为 t 分布临界值，可自工具书中查出；α 为检验水平（一般情况下 α 取 0.05）；f 为自由度。上式的概率意义是，真值 μ（总体平均值）落在以 $\bar{x}$ 为中心的 $\pm\dfrac{S}{\sqrt{n}} t_{\alpha,f}$ 区间的概率为 $1-\alpha$。

置信区间随着置信水平的不同而不同，对于采用同一置信度的两个观测结果，置信区间越小，说明观测结果越准确，一般情况下 α 取 0.050。

3.5 间接测量中误差的估计

间接测量值是利用直接测量的数据按照一定的函数关系计算而得到的。由于直接测量值存在误差，间接测量的结果也必然存在误差，其误差的大小取决于各直接测量值的误差及其相互间的函数关系，这就是误差的传递。

3.5.1 误差传递的一般公式

若间接测量值 y 是等精度直接测量值 x_1，x_2，…，x_n 的函数，即 $y=f(x_1, x_2, \cdots, x_n)$，直接测量值的绝对误差分别为 Δx_1，Δx_2，…，Δx_n，由此引起的间接测量值的误差为 Δy，则

$$y+\Delta y=f(x_1+\Delta x_1, x_2+\Delta x_2, \cdots, x_n+\Delta x_n)$$
$$\Delta y=f(x_1+\Delta x_1, x_2+\Delta x_2, \cdots, x_n+\Delta x_n)-f(x_1, x_2, \cdots, x_n)$$

由泰勒（Taylor）级数展开，并略去二阶以上的量，得到

$$\Delta y=\frac{\partial y}{\partial x_1}\Delta x_1+\frac{\partial y}{\partial x_2}\Delta x_2+\cdots+\frac{\partial y}{\partial x_n}\Delta x_n=\sum_{i=1}^{n}\frac{\partial y}{\partial x_i}\Delta x_i$$

即：

$$\delta(y)=\sum_{i=1}^{n}\frac{\partial y}{\partial x_i}\delta(x_i) \tag{3-13}$$

式中，$\frac{\partial y}{\partial x_i}$ 为各个直接测量值的误差传递系数；$\delta(y)$ 为间接测量值的绝对误差；$\delta(x_i)$ 为直接测量值的绝对误差。

间接测量值相对误差的计算式为

$$r(y)=\sum_{i=1}^{n}\frac{\partial y}{\partial x_i}\frac{\delta(x_i)}{|y|} \tag{3-14}$$

如果从最保险出发，不考虑误差间的相互抵消，间接测量值 y 的最大绝对误差可表示为：

$$\delta(y)=\sum_{i=1}^{n}\left|\frac{\partial y}{\partial x_i}\delta(x_i)\right| \tag{3-15}$$

最大相对误差可表示为：

$$r(y)=\sum_{i=1}^{n}\left|\frac{\partial y}{\partial x_i}\frac{\delta(x_i)}{y}\right| \tag{3-16}$$

可见，间接测量值的误差不仅取决于直接测量值的误差，还取决于误差传递系数。

[例3.3] 求函数 $y=5x_1+3x_2-7x_3$ 的最大绝对误差和最大相对误差。

解： 函数的绝对误差

$$\delta(y)=\frac{\partial y}{\partial x_1}\delta(x_1)+\frac{\partial y}{\partial x_2}\delta(x_2)+\frac{\partial y}{\partial x_3}\delta(x_3)=5\delta(x_1)+3\delta(x_2)+7\delta(x_3)$$

相对误差

$$r(y)=\frac{\delta(y)}{|y|}$$

[**例 3.4**] 求函数 $y=\dfrac{3x_1^2 x_2^3}{2x_3^4}$ 的最大绝对误差和最大相对误差。

解：传递系数：

$$\frac{\partial y}{\partial x_1}=\frac{6x_1 x_2^3}{2x_3^4} \qquad \frac{\partial y}{\partial x_2}=\frac{9x_1^2 x_2^2}{2x_3^4} \qquad \frac{\partial y}{\partial x_3}=\frac{-6x_1^2 x_2^3}{x_3^5}$$

相对误差为：

$$r(y)=\sum_{i=1}^{n}\frac{\partial y}{\partial x_i}\frac{\delta(x_i)}{|y|}=2\frac{\delta(x_1)}{|x_1|}+3\frac{\delta(x_2)}{|x_2|}+4\frac{\delta(x_3)}{|x_3|}=2r(x_1)+3r(x_2)+4r(x_3)$$

绝对误差为：$\delta(y)=r(y)\times|y|$

由此可见，加、减函数式的最大绝对误差等于参与运算的各项的绝对误差之和，常数与变量乘积的绝对误差等于常数的绝对误差乘以变量的绝对误差；积和商的相对误差等于参与运算的各项的相对误差之和，幂运算结果的相对误差等于其底数相对误差乘以方次。

[**例 3.5**] 用弓高弦长法间接测量大直径 D，直接测得其弓高 h 和弦长 S，然后通过函数关系 $(D=h+S^2/4h)$ 计算出直径 D。弓高与弦长测量值的系统误差如下：$h=50$mm，$\Delta h=-0.1$mm；$S=500$mm，$\Delta S=1$mm，求测量结果。

解：若不考虑测得值的系统误差，则计算出的直径 D_0 为

$$D_0=h+\frac{S^2}{4h}=50+\frac{500^2}{4\times 50}=1300\text{mm}$$

根据误差传递公式，直径 D 的系统误差为

$$\delta(D_0)=\frac{\partial D_0}{\partial S}\delta(S)+\frac{\partial D_0}{\partial h}\delta(h)$$

式中各个误差传递系数为

$$\frac{\partial D_0}{\partial S}=\frac{S}{2h}=5$$

$$\frac{\partial D_0}{\partial h}=1-\frac{S^2}{4h^2}=-24$$

将已知的各误差值及计算出的传递系数代入传递公式，得

$$\delta(D_0)=5\times 1-24\times(-0.1)=7.4\text{mm}$$

被测直径的实际尺寸为

$$D=D_0-\delta(D_0)=1300-7.4=1292.6\text{mm}$$

3.5.2 标准误差的传递

由于随机误差是用表征其取值分散程度的标准差来评定的，对于函数的随机误差，也用函数的标准差来进行评定。因此，函数随机误差的计算，就是研究间接测量值 y 的标准差与各直接测量值 x_1，x_2，…，x_m 的标准差之间的关系。

设 $y=f(x_1,x_2,\cdots,x_m)$，其中 x_1，x_2，…，x_m 各作了 n 次测量，则

$$\begin{cases} y_1 = f(x_{11}, x_{21}, \cdots, x_{m1}) \\ y_2 = f(x_{12}, x_{22}, \cdots, x_{m2}) \\ \vdots \\ y_n = f(x_{1n}, x_{2n}, \cdots, x_{mn}) \end{cases}$$

每一次测量的误差为:

$$\begin{cases} \delta(y_1) = \dfrac{\partial y}{\partial x_1}\delta(x_{11}) + \dfrac{\partial y}{\partial x_2}\delta(x_{21}) + \cdots + \dfrac{\partial y}{\partial x_m}\delta(x_{m1}) \\ \delta(y_2) = \dfrac{\partial y}{\partial x_1}\delta(x_{12}) + \dfrac{\partial y}{\partial x_2}\delta(x_{22}) + \cdots + \dfrac{\partial y}{\partial x_m}\delta(x_{m2}) \\ \vdots \\ \delta(y_n) = \dfrac{\partial y}{\partial x_1}\delta(x_{1n}) + \dfrac{\partial y}{\partial x_2}\delta(x_{2n}) + \cdots + \dfrac{\partial y}{\partial x_m}\delta(x_{mn}) \end{cases}$$

将方程组中每个方程平方,得

$$\begin{cases} \delta^2(y_1) = \left(\dfrac{\partial y}{\partial x_1}\right)^2 \delta^2(x_{11}) + \left(\dfrac{\partial y}{\partial x_2}\right)^2 \delta^2(x_{21}) + \cdots + \left(\dfrac{\partial y}{\partial x_m}\right)^2 \delta^2(x_{m1}) + 2\sum_{1 \leqslant i < j}^{n} \dfrac{\partial y}{\partial x_i}\dfrac{\partial y}{\partial x_j}\delta(x_{i1})\delta(x_{j1}) \\ \delta^2(y_2) = \left(\dfrac{\partial y}{\partial x_1}\right)^2 \delta^2(x_{12}) + \left(\dfrac{\partial y}{\partial x_2}\right)^2 \delta^2(x_{22}) + \cdots + \left(\dfrac{\partial y}{\partial x_m}\right)^2 \delta^2(x_{m2}) + 2\sum_{1 \leqslant i < j}^{n} \dfrac{\partial y}{\partial x_i}\dfrac{\partial y}{\partial x_j}\delta(x_{i2})\delta(x_{j2}) \\ \vdots \\ \delta^2(y_n) = \left(\dfrac{\partial y}{\partial x_1}\right)^2 \delta^2(x_{1n}) + \left(\dfrac{\partial y}{\partial x_2}\right)^2 \delta^2(x_{2n}) + \cdots + \left(\dfrac{\partial y}{\partial x_m}\right)^2 \delta^2(x_{mn}) + 2\sum_{1 \leqslant i < j}^{n} \dfrac{\partial y}{\partial x_i}\dfrac{\partial y}{\partial x_j}\delta(x_{in})\delta(x_{jn}) \end{cases}$$

根据正误差和负误差出现概率大体相等,当测量次数 n 趋于无穷时,上式中非平方项的和将趋于零,故得

$$\sum_{i=1}^{n}\delta^2(y_i) = \left(\dfrac{\partial y}{\partial x_1}\right)^2 \sum_{i=1}^{n}\delta^2(x_{1i}) + \left(\dfrac{\partial y}{\partial x_2}\right)^2 \sum_{i=1}^{n}\delta^2(x_{2i}) + \cdots + \left(\dfrac{\partial y}{\partial x_m}\right)^2 \sum_{i=1}^{n}\delta^2(x_{mi})$$

两边各除以 n,就可得函数(间接测量值)的方差表达式:

$$\sigma^2(y) = \left(\dfrac{\partial y}{\partial x_1}\right)^2 \sigma^2(x_1) + \left(\dfrac{\partial y}{\partial x_2}\right)^2 \sigma^2(x_2) + \cdots + \left(\dfrac{\partial y}{\partial x_m}\right)^2 \sigma^2(x_m) \tag{3-17}$$

或标准差:

$$\sigma(y) = \sqrt{\sum_{i=1}^{m}\left(\dfrac{\partial y}{\partial x_i}\right)^2 \sigma^2(x_i)} \tag{3-18}$$

当各个测量值的随机误差为正态分布时,上式中的标准差也可用极限误差代替:

$$\delta_{\lim}(y) = \pm\sqrt{\sum_{i=1}^{m}\left(\dfrac{\partial y}{\partial x_i}\right)^2 \delta_{\lim}^2(x_i)} \tag{3-19}$$

[例3.6] 例3.5中,如果用弓高弦长法间接测量大直径 D,如果已知 $\delta_{\lim}(h) = \pm 0.05\text{mm}$,$\delta_{\lim}(S) = \pm 0.1\text{mm}$,求测量结果。

解: 根据函数极限误差的计算式,直径 D 的极限误差为:

$$\delta_{\lim}(D) = \pm\sqrt{\left(\dfrac{\partial D_0}{\partial S}\right)^2 \delta_{\lim}^2(S) + \left(\dfrac{\partial D_0}{\partial h}\right)^2 \delta_{\lim}^2(h)} = \pm\sqrt{5^2 \times 0.1^2 + 24^2 \times 0.05^2} = \pm 1.3\text{mm}$$

则所求直径的最后结果为：
$$D = D_0 - \delta(D_0) + \delta_{\lim}(D) = 1300 - 7.4 \pm 1.3 = 1292.6 \pm 1.3 \text{mm}$$

3.6 误差分析应用示例

上述各种误差的概念和规律，除了用于计算测量结果的误差、确定实验精确度外，也可根据这些概念在实验前帮助选用实验方案和仪表。

[例 3.7] 在流体阻力测定实验中，要测定水在内径为 8mm，管长为 3m 的管道内层流状态下的直管摩擦系数 λ，要求在雷诺数 $Re=2000$ 时，摩擦系数的精确度不低于 5%。试用相关误差理论，帮助布置实验方案和选用合适的仪表。

解：根据实验原理，λ 的函数形式为：

$$\lambda = \frac{g \cdot \pi^2 \cdot d^5 \cdot (R_2 - R_1)}{8l \cdot V_s^2}$$

式中，d 为被测量段管内径，m；R_1，R_2 为 U 形管压差计两臂水柱高度，m；l 为被测量段管长，m；V_s 为水流量，m³/s。

根据误差传递理论，摩擦系数 λ 的相对误差

$$r(\lambda) = \frac{\delta(\lambda)}{\lambda} \times 100\%$$

$$= \sqrt{\left(\frac{\partial \lambda}{\partial d}\right)^2 \frac{\delta^2(d)}{\lambda^2} + \left(\frac{\partial \lambda}{\partial l}\right)^2 \frac{\delta^2(l)}{\lambda^2} + \left(\frac{\partial \lambda}{\partial V_s}\right)^2 \frac{\delta^2(V_s)}{\lambda^2} + \left(\frac{\partial \lambda}{\partial \Delta R}\right)^2 \frac{\delta^2(\Delta R)}{\lambda^2}} \times 100\%$$

$$= \sqrt{[5r(d)]^2 + [r(l)]^2 + [2r(V_s)]^2 + [r(\Delta R)]^2}$$

这几项误差中，由于所使用的直管较长，其相对误差很小，可以忽略。剩下的三项误差可按等效原则进行分配，这样每项分误差的估计大小为

$$\sqrt{\frac{r^2(\lambda)}{3}} = 2.9\%$$

3.6.1 直径 d 的相对误差

按照上述要求，$5r(d) \leq 2.9\%$ 即 $r(d) \leq 0.58\%$，因内径较小，无法用游标卡尺测量，故采用体积法，通过测定某段管子的容积进行间接测量，函数如下：

$$d = \sqrt{\frac{4V}{\pi h}}$$

式中，h 为测量管长度，用直尺（最小刻度为 1mm）量出，取 500mm，其绝对误差为 ±0.5mm，相对误差为 0.5/500=0.1%；V 为测量管容积，用移液管计量，经多次测量并校正系统误差后的数据为：(25.76±0.06) mL，则其相对误差为 0.23%。

根据误差传递的一般公式，管径 d 测量的最大误差为

$$r(d) = \frac{1}{2}[r(V) + r(h)] = 0.17\% \leqslant 0.58\%$$

没有超过限度。

3.6.2 水柱高度差 ΔR 的相对误差

水柱高度用最小分度为 1mm 的直尺测量，读数随机绝对误差为 ±0.5mm。当雷诺数 $Re=2000$ 时，ΔR 的读数最大：

$$\Delta R = \frac{64 \cdot l \cdot Re \cdot \mu^2}{2g \cdot d^3 \cdot \rho^2} = \frac{64 \times 3 \times 2000 \times 10^{-6}}{2 \times 9.81 \times 0.008^3 \times 10^6} = 38.2\text{mm}$$

则 ΔR 的相对误差为：

$$r[\Delta R] = \frac{2 \times 0.5}{38.2} = 2.6\%$$

也没有超过限度。

3.6.3 流量 V_s 的相对误差

首先确定流量的最大值

$$V_s = \frac{Re \cdot d \cdot \mu \cdot \pi}{4\rho} = \frac{2000 \times 0.008 \times 0.001 \times 3.14}{4 \times 1000} = 12.6\text{mL/s}$$

按照各项误差分配要求，$2r(V_s) \leqslant 2.9\%$，故 $r(V_s) \leqslant 1.45\%$，因转子流量计达不到准确度要求，故采用体积法测量流量，用最大量称 500mL，最小分度位 10mL 的量筒进行测量，读数的绝对误差为 ±5mL；计时秒表的读数可以读到 0.01s，但由于开、停秒表操作会带来较大的随机误差，取开、停秒表的随机误差为 ±0.2s；每次测量 35s 左右，水量约 440mL。

根据误差传递的一般公式，流量 V_s 测量的最大误差为

$$r(V_s) = r(V) + r(t) = \frac{5}{440} + \frac{0.2}{35} = 1.7\%$$

该误差略大于 1.45%，但考虑到前面两项的相对误差均没有超过限度，先计算总误差：

$$r(\lambda) = \sqrt{[5r(d)]^2 + [r(l)]^2 + [2r(V_s)]^2 + [r(\Delta R)]^2}$$
$$= \sqrt{(5 \times 0.17)^2 + (2 \times 1.7)^2 + (2.6)^2} = 4.36\%$$

设计总误差小于 5%，可以满足设计要求。现方案中流量测量的误差最大，主要来自体积计量，如选用准确度更高的量筒，还可进一步提高实验结果的准确度。

第4章 实验数据处理

实验数据处理是整个实验过程中的一个重要的环节。实验数据处理的一般程序是：首先将直接测量的结果按照前后顺序列表，计算其平均值与误差；然后计算中间结果、间接测量结果和它们的误差（相对误差或绝对误差），并将这些结果列表；最后通过作图、回归等手段将这些结果用图形或经验公式的形式加以描述。

4.1 实验数据的列表处理

实验数据表一般分为两大类：原始数据记录表和计算结果综合表。原始数据记录表是根据实验的具体内容而设计的，用以清楚地记录所有待测数据，该表必须在实验前完成，包括实验序号、各测量点的读数以及实验时的人员、装置、环境条件等。表4-1是离心泵性能测定实验的原始数据记录表。

表4-1 离心泵性能测定实验原始数据记录表

实验装置编号：　　　　　实验时间：　　　　　实验人员：
离心泵型号：　　　　　　转速：　　　　　　　电机效率：　　　　　水温：
两取压口垂直高度差：　　入口管内径：　　　　出口管内径：

序号	流量计读数/(m^3/h)	压力表读数/kPa	真空表读数/kPa	功率表读数/W
1				
2				
3				
4				
5				
...				

备注：

计算结果综合表也应包括序号、必要的中间运算结果和最终结果。该表用来表达实验过程中得出的结论，应该简明扼要，只表达主要物理量的计算结果，有时还应列出所研究的变量间的关系。表4-2是离心泵性能测定实验数据计算整理表。

列表时，还要注意下列事项：

（1）列表的表头一栏应列出物理量的名称和计量单位，单位不能和数字写在一起，变量名称与计量单位之间用斜线"/"隔开，斜线不能重叠使用。

（2）要注意有效数字的位数，记录的数字应与测量仪表的准确度相匹配。

（3）物理量的数值较大或较小时，要用科学计数法表示。以"物理量的符号$\times 10^{\pm n}$/计量单位"的形式记入表头。注意：表头中的$10^{\pm n}$与表中的数据应服从下式：物理量的实际值$\times 10^{\pm n}$=表中数据。

（4）同一行代表一个实验条件，同一列数据记录时，小数点位置应上下对齐。

（5）每一个数据表都应在表的上方写明表号和表题（表名），同一数据表尽量不跨页，必须跨页时，须在跨页的表上注明"续表…"。

表 4-2　离心泵性能测定实验数据计算整理表

序号	流量/(m³/h)	扬程/m	轴功率/W	效率/%
1				
2				
3				
4				
5				
…				

函数关系，$H\sim Q$：
$N\sim Q$：
$\eta\sim Q$：

4.2　实验数据的图形表示

实验数据图示法就是将整理得到的实验数据或结果标绘成描述因变量随自变量变化关系的曲线图。用几何图形表示实验结果的优点是直观清晰，容易看出数据之间的相互关系，便于比较，也便于进一步按曲线形状整理出恰当的关联式。

上述诸多优点使图示法在数据处理上得到了广泛的应用，但实验曲线的标绘必须遵循一定规则，只有遵循这些规则，才能得到与实验点位置偏差最小而光滑的曲线图形。

4.2.1　坐标系的选择

化工生产和研究中常用的坐标系有：直角坐标系（又称笛卡尔坐标系）、单对数坐标系和双对数坐标系。市场上有相应的坐标纸出售，也可选择相关的数据处理软件生成。

直角坐标系的两个轴都是分度均匀的普通坐标轴；单对数坐标系的一个轴是普通坐标轴，另一个轴是分度不均匀的对数坐标轴；双对数坐标系的两个轴都是分度不均匀的对数坐标轴。

由于lg1=0，故对数坐标系的原点为(1,1)，而不是(0,0)；在对数坐标轴上，每一数量级的距离相等，即0.01~0.1，0.1~1，1~10等的距离是相等的，因此即使数据范围很大（几个数量级），这种坐标纸也可以容纳得下，这是采用对数坐标的优点之一；对数坐标轴上某点与原点的实际距离为该点对应数据的对数值,而标在对数坐标纸上的数值是真值。因此在对数坐标纸上确定直线的斜率时,应该使用对数值求取。

单对数坐标系和双对数坐标系见图 4-1 和图 4-2。

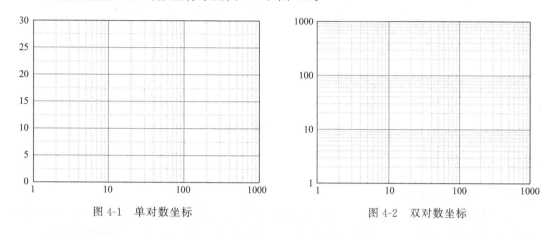

图 4-1 单对数坐标　　　　　　　　图 4-2 双对数坐标

在数据处理过程中,应根据实验数据的特点来选择合适的坐标系,在下列情况下适合采用单对数坐标系:

(1) 变量之一在所研究的范围内发生了几个数量级的变化。

(2) 在自变量由零开始逐渐增大的初始阶段,当自变量的少许变化引起因变量极大变化时,采用单对数坐标可使曲线最大变化范围伸长、使图形轮廓清楚。

(3) 当需要变换某种非线性关系为线性关系时,可用单对数坐标。如将指数型函数关系($y=ae^{bx}$)变换为直线函数关系。

而在下列一些情况下则适合采用双对数坐标系:

(1) 变量 x、y 在所研究的范围内均发生了几个数量级的变化。

(2) 需要将曲线开始部分划分成展开的形式。

(3) 当需要变换某种非线性关系(如 $y=ax^b$)为线性关系时。

4.2.2 坐标分度的选择

坐标分度是指每条坐标轴单位距离所代表的物理量的大小,也就是坐标轴的比例尺。如果比例尺选择不当,会使图形失真。对同一套数据,如果采用不同的比例,可得到不同形状的曲线,如图 4-3 所示。虽然从本质上来说,选择不同的坐标比例尺并不会改变函数关系,但比例太大或太小都会影响图形的视觉形状,不便于观察。

坐标分度的确定原则如下:

(1) 坐标分度的选择,首先应该使每一个数据点在坐标系上的位置能方便找到,以方便在图上读出数据点的坐标值。

(2) 在已知 x 和 y 的测量误差分别为 $\pm\delta_x$ 和 $\pm\delta_y$ 时,分度的选择方法通常为:使得 $2\delta_x$ 和 $2\delta_y$ 构成的矩形近似为正方形,并使得 $2\delta_x=2\pm\delta_y\approx 2mm$,求得坐标比例常数 M。

(3) 在可能的情况下,尽量使坐标轴的分度与实验数据的有效数字位数相同,并且要方便阅读。

在通常情况下,确定坐标轴的分度时,既要保证不会因为比例常数过大而降低实验数据的准确度,又要避免因比例常数过小而造成图中数据点分布异常的假象。

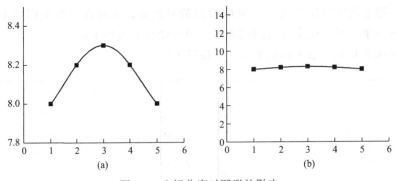

图 4-3 坐标分度对图形的影响

4.2.3 图形的绘制

图形绘制的原则如下：

（1）图线应光滑。手绘图形可利用曲线板等工具将各离散点连接成光滑曲线，并使曲线尽可能通过较多的实验点，或者使曲线以外的点尽可能位于曲线附近，并使曲线两侧的点数大致相等。手绘图形要有一定的经验和技巧，如果采用计算机软件进行数据处理和绘图，会得到更为准确的曲线。

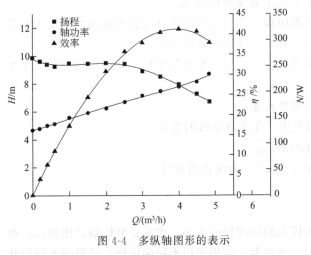

图 4-4 多纵轴图形的表示

（2）对于两个变量的系统，习惯上选横轴为自变量，纵轴为因变量。在两轴侧要标明变量名称、符号和单位，如离心泵特性曲线的横轴须标明：流量 $Q/(m^3/h)$。

（3）图形必须有图号和图题（图名），图号应按出现的顺序编写，并在正文中有所交待，必要时还应有图注。

（4）若在同一张坐标纸上同时标绘几组测量值，则各组要用不同的符号（如：▲，■，○，□等）以示区别。若几组不同函数关系绘在一张坐标纸上，则应在曲线上标明函数关系名称。如果几组曲线采用的坐标比例不同，可采用多纵轴或多横轴图形表示，如图 4-4。

4.3 实验数据的方程表示

在实验研究中，除了用表格和图形描述变量间的关系外，还常常把实验数据整理成方程式，以描述自变量和因变量之间的关系，建立所研究过程的数学模型。由于公式的形式紧凑，便于分析应用，在微分、积分、内插和程序调用时均有方便之处，将实验数据结果回归为数学方程已成为实验数据处理的有效手段之一，其方法是将实验数据绘制成曲线，与已知的函数关系式的典型曲线进行对照选择，然后用图解法或者回归分析来确定函数式中的各种常数。在当前计算机相当普及的情况下，更多的是通过编写程序或直接使用相关软件进行数据的回归分析。

公式的确定包含三个方面的内容，即确定公式的函数类型，确定函数中的各系数和对公式的精度做出评价。公式中的变量可以是各种物理量，也可以是在因次分析或相似分析方法指导下得到的各种无量纲特征数。

4.3.1 函数类型的确定

对于一组实验数据，如果事先通过理论、半理论分析或者凭借长期积累的经验，能够确定出相应的回归表达式的形式，则可以直接进行回归。如果在数据处理时既无相关理论的指导，有没有足够的可借鉴的经验，通常是先作图，然后将实验曲线和典型的函数曲线相对照，选择与实验曲线相似的函数形式进行回归。再用实验数据进行验证，边验证边修改，直到获得满意的结果（既尽可能简单，又保证有足够的准确度）。典型的函数曲线见表 4-3。

表 4-3　化工中常见的曲线与函数式之间的关系

序号	图形	函数形式
1	(b>0) (b<0)	双曲线函数：$y = \dfrac{x}{ax+b}$
2		S形曲线：$y = \dfrac{1}{a+be^{-x}}$
3	(b>0) (b<0)	指数函数：$y = ae^{bx}$
4	(b>0) (b<0)	指数函数：$y = ae^{\frac{b}{x}}$

序号	图形	函数形式
5	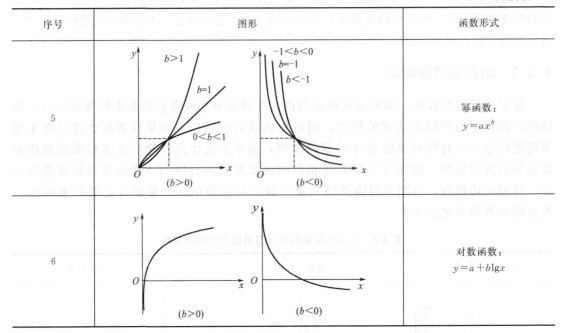	幂函数： $y = ax^b$
6		对数函数： $y = a + b\lg x$

实际上，直线和抛物线只是多项式回归的特例，如果上面列出的函数形式都不能得到满意的结果时，可以使用相关软件进行多项式的逼近拟合，称为多项式回归。

4.3.2 模型中常数的确定

确定数学模型中的常数，通常采用图解法和回归分析法。

4.3.2.1 图解法

图解法求取常数的思路是将模型进行线性化处理后，求出其斜率和截距，再按转换关系求出原函数中的常数。

1. 双曲线函数的线性图解

令 $Y = \dfrac{1}{y}$，$X = \dfrac{1}{x}$，可以将双曲线函数 $y = \dfrac{x}{ax+b}$ 转化为直线方程：$Y = bX + a$。画出曲线后，在曲线上任取相距较远的两点，根据这两点的坐标 (x_1, y_1)、(x_2, y_2)，就可以算出常数 a，b 的值：

$$b = \dfrac{\dfrac{1}{y_2} - \dfrac{1}{y_1}}{\dfrac{1}{x_2} - \dfrac{1}{x_1}}, \quad a = \dfrac{1}{y_1} - \dfrac{b}{x_1}$$

2. S 形曲线的线性图解

令 $Y = \dfrac{1}{y}$，$X = e^{-x}$，可以将 S 形曲线 $y = \dfrac{1}{a + be^{-x}}$ 转化为直线方程：$Y = bX + a$。画出曲线后，在曲线上任取相距较远的两点，根据这两点的坐标 (x_1, y_1)、(x_2, y_2)，就可以算出常数 a，b 的值：

$$b=\frac{\frac{1}{y_2}-\frac{1}{y_1}}{e^{-x_2}-e^{-x_1}}, a=\frac{1}{y_1}-be^{-x_1}$$

3. 指数函数 $y=ae^{bx}$ 的线性图解

令 $Y=\lg y$, $X=x$, $k=b\lg e$, 可以将指数函数 $y=ae^{bx}$ 转化为直线方程：$Y=kX+\lg a$。画出曲线后，在曲线上任取相距较远的两点，根据这两点的坐标 (x_1,y_1)、(x_2,y_2)，就可以算出常数 a, b 的值：

$$b=\frac{\lg y_2-\lg y_1}{\lg[e(x_2-x_1)]}, a=\frac{y_1}{e^{bx_1}}$$

4. 指数函数 $y=ae^{\frac{b}{x}}$ 的线性图解

令 $Y=\lg y$, $X=\frac{1}{x}$, $k=b\lg e$, 可以将指数函数 $y=ae^{\frac{b}{x}}$ 转化为直线方程：$Y=kX+\lg a$。画出曲线后，在曲线上任取相距较远的两点，根据这两点的坐标 (x_1,y_1)、(x_2,y_2)，就可以算出常数 a, b 的值：

$$b=\frac{\lg y_2-\lg y_1}{\lg\left[e\left(\frac{1}{x_2}-\frac{1}{x_1}\right)\right]}, a=\frac{y_1}{e^{\frac{b}{x_1}}}$$

5. 幂函数的线性图解

令 $Y=\lg y$, $X=\lg x$, 可以将幂函数 $y=ax^b$ 转化为直线方程：$Y=bX+\lg a$。画出曲线后，在曲线上任取相距较远的两点，根据这两点的坐标 (x_1,y_1)、(x_2,y_2)，就可以算出常数 a, b 的值：

$$b=\frac{\lg y_2-\lg y_1}{\lg x_2-\lg x_1}, a=\frac{y_1}{x_1^b}$$

6. 对数函数的线性图解

令 $Y=y$, $X=\lg x$, 可以将对数函数 $y=a+b\lg x$ 转化为直线方程：$Y=bX+a$。画出曲线后，在曲线上任取相距较远的两点，根据这两点的坐标 (x_1,y_1)、(x_2,y_2)，就可以算出常数 a, b 的值：

$$b=\frac{y_2-y_1}{\lg x_2-\lg x_1}, a=y_1-b\lg x_1$$

4.3.2.2 回归分析法

虽然用图解法获得模型参数的方法有很多优点，但应用范围有限，并且由于实验误差等原因，测得的实验点不会准确地落在直线或曲线上，而是随机分布在一条直线或曲线两侧的。因此不能用测得的数据直接画出一条光滑的直线或曲线，要得到这些数据中所包含的规律性，应用最广泛的一种方法就是回归分析法，最常用的是最小二乘法。

回归分析是研究随机现象中变量间关系的一种数理统计方法。用这种数学方法可以从测试的大量散点数据中找到内在的统计规律，并可以按照数学模型的形式表达出来。只有一个自变量的回归分析称为一元回归分析，多于一个自变量的回归分析称为多元回归分析。当 y 与 x 的关系呈直线规律变化时，叫线性回归。反之，称为非线性回归或曲线拟合。回归分析的内容，概括起来主要有以下几个方面：

(1) 根据一组实际测量数据，按照最小二乘法原理建立起正规方程，求解正规方程得到变量之间的数学关系式。

(2) 判断所得到的回归方程的有效性。回归方程式是通过数理统计方法得到的，是一种近似结果，必须对它的有效性进行定量检验。

(3) 根据一个或者几个变量的取值，预测或者控制另一个变量的取值，并确定其准确度（精度）。

(4) 进行因素分析。对于一个因变量受多个自变量或者因素影响的情况，可以分清各自变量的主次和分析各个自变量或者因素之间的相互关系。

4.3.2.2.1 一元线性回归

1. 回归原理

假设实验测得的 n 个实验点数据分别为 (x_1, y_1)，(x_2, y_2)，…，(x_n, y_n)，这些实验点离散地分布在一条直线的附近，则可以用一条直线来代表 y 和 x 之间的关系：

$$\hat{y} = ax + b \tag{4-1}$$

式中，$\hat{y}$ 是由回归计算出的值，称为回归值；a 和 b 为回归系数。

对于每一个测量值 x_i，都可以根据上式算出一个回归值 $\hat{y}_i$，实际测量值 y_i 与计算的回归值 $\hat{y}_i$ 的差 $y_i - (ax_i + b)$，称为残差。当所有实验点的残差平方和 Q 最小时，才能获得最佳的回归直线。这种使残差平方和最小的方法也称为最小二乘法。Q 的表达式为：

$$Q = \sum_{i=1}^{n} [y_i - (ax_i + b)]^2 \tag{4-2}$$

要想使 Q 值最小，只需将上式对 a、b 求偏微分，并令其为零。

$$\begin{cases} \dfrac{\partial Q}{\partial a} = -2\sum_{i=1}^{n} x_i [y_i - (ax_i + b)] = 0 \\ \dfrac{\partial Q}{\partial b} = -2\sum_{i=1}^{n} y_i - (ax_i + b) = 0 \end{cases} \tag{4-3}$$

令：

$$\overline{x} = \dfrac{\sum_{i=1}^{n} x_i}{n}$$

$$l_{xx} = \sum_{i=1}^{n} (x_i - \overline{x})^2 = \sum_{i=1}^{n} x_i^2 - n\overline{x}^2 \tag{4-4}$$

$$l_{xy} = \sum_{i=1}^{n} (x_i - \overline{x})(y_i - \overline{y}) = \sum_{i=1}^{n} x_i y_i - n\overline{x}\overline{y}$$

$$l_{yy} = \sum_{i=1}^{n} (y_i - \overline{y})^2 = \sum_{i=1}^{n} y_i^2 - n\overline{y}^2$$

对上述二式求解，即可求出 a、b 的值。

$$a = \frac{l_{xy}}{l_{xx}}$$
$$b = \overline{y} - a\overline{x} \tag{4-5}$$

以上各式中的 l_{xx}、l_{yy} 称为 x、y 的离差平方和，l_{xy} 称为 x、y 的离差乘积和。

[例 4.1] 已知表 4-4 中的实验数据 x_i 和 y_i 成直线关系，求其回归方程。

表 4-4 实验数据表

编号	1	2	3	4	5	6	7	8	9	10
x	18.8	19.5	20.7	21.7	23	24	26.6	27.5	28.5	29.5
y	0.49	0.46	0.44	0.48	0.40	0.42	0.35	0.34	0.32	0.31

解：计算过程如下：

$$\overline{x} = \frac{18.8 + 19.5 + \cdots + 29.5}{10} = 23.98, \quad \overline{y} = \frac{0.49 + 0.46 + \cdots + 0.31}{10} = 0.401$$

$$l_{xx} = \sum_{i=1}^{n}(x_i - \overline{x})^2 = 133.976, \quad l_{xy} = \sum_{i=1}^{n}(x_i - \overline{x})(y_i - \overline{y}) = -2.25$$

$$a = \frac{l_{xy}}{l_{xx}} = \frac{-2.25}{133.976} = -0.0168$$

$$b = \overline{y} - a\overline{x} = 0.401 + 0.0168 \times 23.98 = 0.804$$

故回归方程为
$$\hat{y} = ax + b = -0.0168x + 0.804$$

2. 回归效果的检验

在上述线性回归过程中，并不需要事先知道两个变量之间一定存在线性关系。事实上，只要有任一组 x、y 数据，即使在平面图上是一群杂乱无章的点，也可以用最小二乘法算出回归方程，这种回归显然是没有意义的。因此，必须对回归的效果进行检验。

为便于理解，先介绍几个基本概念：

① 平方和分解公式 离差是指实验值 y_i 与平均值 $\overline{y}$ 的差值。n 次实验的离差平方和 l_{yy} 越大，说明 y_i 的数值变动越大。

$$l_{yy} = \sum_{i=1}^{n}(y_i - \overline{y})^2 = \sum_{i=1}^{n}(y_i - \hat{y}_i + \hat{y}_i - \overline{y})^2$$

$$= \sum_{i=1}^{n}(y_i - \hat{y}_i)^2 + \sum_{i=1}^{n}(\hat{y}_i - \overline{y})^2 + 2\sum_{i=1}^{n}(y_i - \hat{y}_i)(\hat{y} - \hat{y}_i)$$

可以证明：

$$2\sum_{i=1}^{n}(y_i - \hat{y}_i)(\hat{y}_i - \overline{y}) = 0$$

所以离差平方和可以分解为：

$$l_{yy} = \sum_{i=1}^{n}(y_i - \hat{y}_i)^2 + \sum_{i=1}^{n}(\hat{y}_i - \overline{y})^2 \tag{4-6}$$

定义：

$$U = \sum_{i=1}^{n} (\hat{y}_i - \overline{y})^2 \tag{4-7}$$

则
$$l_{yy} = Q + U \tag{4-8}$$

该式称为平方和分解公式，U 称为回归平方和。

$$U = \sum_{i=1}^{n} (\hat{y}_i - \overline{y})^2 = \sum_{i=1}^{n} (ax_i + b - \overline{y})^2 = a^2 \sum_{i=1}^{n} (x_i - \overline{x})^2 = a^2 l_{xx} = a l_{xy} \tag{4-9}$$

在总的离差平方和中，U 所占的比重越大，残差平方和 Q 所占的比重就越小，回归效果越好。

② 平方和的自由度　在讨论离差平方和分解公式时，并没有考虑数据点个数的影响。为了消除数据点个数对回归效果的影响，需要引入自由度的概念。所谓自由度，简单地说是指计算偏差平方时，涉及独立平方和的数据个数。每一个平方和都有一个自由度与之相对应，如果是变量对平均值的偏差平方和，其自由度是数据的个数 n 减去 1（比如离差平方和）。如果是对某一个目标值（比如对由公式计算出来的值或者某一个标准值等），则自由度就是独立变量数的个数（比如回归平方和）。如果一个平方和是由几部分的平方和组成，则总自由度等于各部分平方和的自由度之和。因为离差平方和在数值上可以分解为回归平方和 U 与残差平方和（有时也称为剩余平方和）Q 两部分，所以

$$f_{总} = f_Q + f_U \tag{4-10}$$

式中，$f_{总}$ 为总离差平方和 l_{yy} 的自由度，$f_{总} = n-1$，n 为数据个数；f_U 为回归平方和的自由度，等于自变量的个数 m；f_Q 为残差平方和的自由度。

对于一元线性回归，$f_{总} = n-1$，$f_U = 1$，$f_Q = n-2$。

③ 方差　方差是指平方和除以所对应的自由度后所得到的数值。

回归方差：
$$V_U = \frac{U}{f_U} = \frac{U}{m} \tag{4-11}$$

剩余方差：
$$V_Q = \frac{Q}{f_Q} \tag{4-12}$$

剩余标准差：
$$S = \sqrt{\frac{Q}{f_Q}} \tag{4-13}$$

剩余标准差 S 越小，回归方程对实验点的拟合程度就越高，S 的大小与实验数据点规律性的好坏有关，也与被选用的回归方程式是否合适有关。

④ 相关系数 r　相关系数是用来表达两个变量线性关系密切程度的一个数量性指标。其定义方法如下：

$$r = \frac{l_{xy}}{\sqrt{l_{xx} l_{yy}}}$$

$$r^2 = \frac{l_{xy}^2}{l_{xx} l_{yy}} = \frac{a^2 l_{xx}^2}{l_{xx} l_{yy}} = \frac{U}{l_{yy}} = 1 - \frac{Q}{l_{yy}} \tag{4-14}$$

由上式可以看出，r^2 正好代表了回归平方和 U 与离差平方和 l_{yy} 的比值。相关系数 r 的几何意义可用图 4-5 说明，其绝对值的大小能衡量两个变量线性相关的程度，可分三类讨论。

a. $|r|=0$，此时 $l_{xy}=0$，即回归直线的斜率 a 为零，x 与 y 不存在直线关系。此时实验点分布情况有两种可能：x，y 的关系无规律可循，如图 4-5（3）所示；或 x，y 之间存在某种非线性关系，如图 4-5（4）所示。

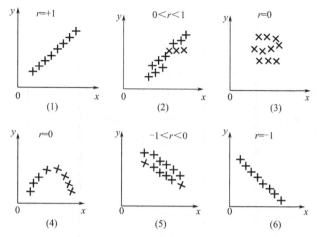

图 4-5 相关系数的几何意义

b. $0<|r|<1$，绝大部分回归结果都属于此种情况，此时 y 与 x 之间存在一定的线性关系。若 $r>0$，y 随 x 的增大而增大，称 x 与 y 正相关，如图 4-5（2）所示；若 $r<0$，则 y 随 x 的增大而减小，称 x 与 y 负相关，如图 4-5（5）所示。r 的绝对值越接近于 0，离散点距回归线越远；r 的绝对值越接近于 1，离散点就越靠近回归直线，x 与 y 的线性关系就越好。

c. $|r|=1$，此时所有的点都落在回归直线上，x 与 y 完全线性相关。$r=1$ 时称完全正相关，如图 4-5（1）所示；$r=-1$ 时称完全负相关，如图 4-5（6）所示。

线性回归效果的好坏，通常用相关性检验和方差分析两种方法来进行检验。

(1) 相关性检验

如上所述，相关系数 r 的绝对值越接近于 1，x、y 间的线性关系就越好，只有当 $|r|$ 达到一定程度才可用回归直线来近似地表示 x、y 之间的关系。但究竟 $|r|$ 与 1 接近到什么程度才能说明 x 与 y 之间存在线性相关关系呢？这就有必要对相关系数进行显著性检验。相关系数 r 达到使线性相关显著的值与实验数据点的个数 n 有关，只有 $|r|$ 大于临界值时，才能采用线性回归方程来描述其变量之间的关系，临界值的大小可根据实验数据点个数 n 及显著性水平 α 从表 4-5 查得。一般可取显著性水平 $\alpha=1\%$ 或 5%。

还应该说明，表 4-5 查到的临界值只是线性相关关系成立的及格标准，当对经验方程要求较高时，不能只满足于这个及格标准。也就是说，临界值只能说明 y 与 x 之间的相关关系是否显著或非常显著，而对相关系数的要求还要与所研究问题的需要结合起来。

若检验发现回归线性相关不显著，可改用其他数学公式重新进行回归和检验。若利用多个数学公式进行回归和比较，$|r|$ 大者可认为最优。

表 4-5 相关系数检验表

$n-2$	5%	1%	$n-2$	5%	1%	$n-2$	5%	1%
1	0.997	1.000	16	0.468	0.590	35	0.325	0.418
2	0.950	0.990	17	0.456	0.575	40	0.304	0.393
3	0.878	0.959	18	0.444	0.561	45	0.288	0.372
4	0.811	0.917	19	0.433	0.549	50	0.273	0.354
5	0.754	0.874	20	0.423	0.537	60	0.250	0.325
6	0.707	0.834	21	0.413	0.526	70	0.232	0.302
7	0.666	0.798	22	0.404	0.515	80	0.217	0.283
8	0.632	0.765	23	0.396	0.505	90	0.205	0.267
9	0.602	0.735	24	0.388	0.496	100	0.195	0.254
10	0.576	0.708	25	0.381	0.487	125	0.174	0.228
11	0.553	0.684	26	0.374	0.478	150	0.159	0.208
12	0.532	0.661	27	0.367	0.470	200	0.138	0.181
13	0.514	0.641	28	0.361	0.463	300	0.113	0.148
14	0.497	0.623	29	0.355	0.456	400	0.098	0.128
15	0.482	0.606	30	0.349	0.449	1000	0.062	0.081

[例 4.2] 检验上例中数据 x、y 的相关性。

解：由 $n=10$，查相关系数检验表，得 $r_{0.01,8}=0.755$

$$\overline{x}=\frac{18.8+19.5+\cdots+29.5}{10}=23.98, \overline{y}=\frac{0.49+0.46+\cdots+0.31}{10}=0.401$$

$$l_{xx}=\sum_{i=1}^{n}(x_i-\overline{x})^2=133.976, l_{xy}=\sum_{i=1}^{n}(x_i-\overline{x})(y_i-\overline{y})=-2.25$$

$$l_{yy}=\sum_{i=1}^{n}(y_i-\overline{y})^2=0.0407$$

$$|r|=\left|\frac{l_{xy}}{\sqrt{l_{xx}l_{yy}}}\right|=\frac{2.25}{\sqrt{133.976\times0.0407}}=0.964$$

$0.755<0.964$，因此 x、y 的线性关系在 $\alpha=0.01$ 的检验水平上显著。

(2) 方差分析

方差分析是检验线性回归效果好坏的另外一种方法。一般采用 F 检验法，对于一元线性回归，统计量 F 的计算方法如下：

$$F=\frac{回归方差}{剩余方差}=\frac{V_U}{V_Q} \tag{4-15}$$

然后将计算的 F 值与 F 分布数值表中所列的某检验水平下的临界值相比较。如果计算值大于临界值，则可认为在某检验水平下回归结果显著。F 分布数值表中有两个自由度 f_1

和 f_2，分别对应回归方差和剩余方差的自由度。对于一元线性回归，$f_1=1$，$f_2=n-2$。

需要说明的是，相关性检验和 F 检验是完全等价的，对于任何一元线性回归问题，如果进行方差分析中的 F 检验后，就无须再做相关系数的检验。实际上可以由 F 值算出对应的相关系数，也可由相关系数算出对应的 F 值。

$$F=\frac{V_U}{V_Q}=(n-2)\frac{U}{Q}=(n-2)\frac{\dfrac{U}{l_{yy}}}{\dfrac{Q}{l_{yy}}}=(n-2)\frac{r^2}{1-r^2} \tag{4-16}$$

[例 4.3] 对例 4.1 的数据进行方差分析，检验其回归结果的显著性。

解： $U=al_{xy}=-0.0168\times(-2.25)=0.0378$

$Q=l_{yy}-U=0.0407-0.0378=0.0029$

$$F=\frac{V_U}{V_Q}=(n-2)\frac{U}{Q}=\frac{8\times0.0378}{0.0029}=104.3$$

查工具书得，$F_{0.01}(1,8)=11.26<104.3$，因此回归结果在最高水平 $\alpha=0.01$ 上仍然是显著的。

3. 回归方程的精密度

回归方程的精密度，是指实际测量值围绕回归直线的离散程度。这种离散是由除 x 对 y 的线性影响之外的其他因素引起的，用剩余标准差 S 来表示。S 的大小可以看作是排除 x 对 y 的线性影响后，衡量 y 随机波动大小的一个估量值。

$$S=\sqrt{\frac{Q}{f_Q}}=\sqrt{\frac{Q}{n-2}} \tag{4-17}$$

剩余标准差 S 越小，说明回归线精密度越好。当 x 与 y 线性相关时，实验点落在以回归线为中心 $\pm 2S$ 范围内的概率为 95.4%，落在以回归线为中心 $\pm 3S$ 范围内的概率为 99.7%。

4.3.2.2.2 多元线性回归

1. 回归原理

多元线性回归的原理与一元线性回归的原理完全相同，仍然采用最小二乘法建立正规方程，通过求解正规方程确定回归方程的常数项和回归系数。

设影响因变量 y 的自变量有 m 个：x_1，x_2，…，x_m，通过实验得到如下 n 组数据：

$$(x_{1i},x_{2i},\cdots,x_{mi};y_i),i=1\sim n$$

如果 y 与 x_1，x_2，…，x_m 之间的关系为线性关系，则其回归方程的数学模型可写为：

$$\hat{y}=a_m x_m+a_{m-1}x_{m-1}+\cdots+a_1 x_1+a_0 \tag{4-18}$$

根据最小二乘法原理，回归值 $\hat{y}_i$ 与实验值 y_i 的残差平方和为：

$$Q=\sum_{i=1}^{n}[y_i-(a_m x_m+a_{m-1}x_{m-1}+\cdots+a_1 x_1+a_0)]^2 \tag{4-19}$$

要想使 Q 值最小，需将上式对各个系数求偏微分，并令其为零。

$$\begin{cases} \dfrac{\partial Q}{\partial a_0} = -2\sum_{i=1}^{n}[y_i - (a_m x_m + a_{m-1}x_{m-1} + \cdots + a_1 x_1 + a_0)] = 0 \\ \dfrac{\partial Q}{\partial a_1} = -2\sum_{i=1}^{n}x_{1i}[y_i - (a_m x_m + a_{m-1}x_{m-1} + \cdots + a_1 x_1 + a_0)] = 0 \\ \dfrac{\partial Q}{\partial a_2} = -2\sum_{i=1}^{n}x_{2i}[y_i - (a_m x_m + a_{m-1}x_{m-1} + \cdots + a_1 x_1 + a_0)] = 0 \\ \cdots \\ \dfrac{\partial Q}{\partial a_n} = -2\sum_{i=1}^{n}x_{ni}[y_i - (a_m x_m + a_{m-1}x_{m-1} + \cdots + a_1 x_1 + a_0)] = 0 \end{cases}$$

该方程组是一个有 $n+1$ 个未知数的线性方程组,经整理可以得到如下形式的正规方程:

$$\begin{cases} l_{11}a_1 + l_{12}a_2 + \cdots + l_{1m}a_m = l_{1y} \\ l_{21}a_1 + l_{22}a_2 + \cdots + l_{2m}a_m = l_{2y} \\ \vdots \\ l_{m1}a_1 + l_{m2}a_2 + \cdots + l_{mm}a_m = l_{my} \end{cases}$$

方程组中的系数计算式如下:

$$l_{kj} = \sum_{i=1}^{n}(x_{ji}-\overline{x}_j)(x_{ki}-\overline{x}_k) = \sum_{i=1}^{n}x_{ji}x_{ki} - \frac{1}{n}\sum_{i=1}^{n}x_{ji}\sum_{i=1}^{n}x_{ki}$$

$$l_{jy} = \sum_{i=1}^{n}(x_{ji}-\overline{x}_j)(y_i-\overline{y}) = \sum_{i=1}^{n}x_{ji}y_i - \frac{1}{n}\sum_{i=1}^{n}x_{ji}\sum_{i=1}^{n}y_i \qquad (4-20)$$

利用高斯消去法解此方程组,可求得回归系数 $a_1, a_2, \cdots, a_m$。a_0 的值可由下式来确定:

$$a_0 = \overline{y} - a_m\overline{x}_m - a_{m-1}\overline{x}_{m-1} - \cdots - a_1\overline{x}_1 \qquad (4-21)$$

2. 回归效果的检验

(1) 方差分析

多元线性回归的方差分析同一元线性回归的方差分析一样,可以利用 F 值对回归式进行显著性检验。F 值的计算过程见表 4-6。

表 4-6 多元线性回归方差分析表

名称	平方和	自由度	方差	F 值
回归平方和	$U = \sum_{i=1}^{n}(y\hat{y}_i - \overline{y})^2 = \sum_{j=1}^{m}b_j l_{jy}$	$f_U = m$	$V_U = \dfrac{U}{f_U}$	$F = \dfrac{V_U}{V_Q}$
剩余平方和	$Q = \sum_{i=1}^{n}(y_i - \hat{y}_i)^2 = l_{yy} - U$	$f_Q = f_{总} - f_U = n-1-m$	$V_Q = \dfrac{Q}{f_Q}$	
离差平方和	$l_{yy} = \sum_{i=1}^{n}(y_i - \overline{y})^2$	$f_{总} = n-1$		

(2) 复相关系数

在多元线性回归中也和一元线性回归的情况一样,回归结果的好坏,也可用 U 在总平方和 l_{yy} 中的比例来衡量,称为复相关系数 R。

$$R = \sqrt{\frac{U}{l_{yy}}} = \sqrt{1 - \frac{Q}{l_{yy}}} \qquad (4-22)$$

[**例 4.4**] 离心泵性能测定实验中,效率 η 和流量 Q 的计算数据列于表 4-7,试通过回归计算求出 η 与 Q 的关系表达式。

表 4-7 效率 η 与流量 Q 对应数据表

序号	1	2	3	4	5	6	7	8	9	10	11	12	13
$Q/(m^3/h)$	4.85	4.50	4.00	3.50	3.00	2.50	2.00	1.50	1.00	0.60	0.40	0.20	0.00
$\eta/\%$	37.84	40.69	41.24	40.43	37.87	35.65	30.77	24.29	17.20	10.96	7.59	4.06	0.00

解:利用表 4-7 所提供的数据,画出 η 与 Q 的散点图(图 4-6),从图中可以看出,曲线的形状与二次抛物线类似,其数学模型为:

$$\hat{\eta} = a_0 + a_1 Q + a_2 Q^2$$

令 $y = \hat{\eta}$,$x_1 = Q$,$x_2 = Q^2$,模型可转化为

$$y = a_0 + a_1 a x_1 + a_2 x_2$$

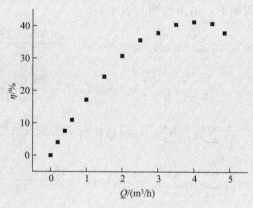

图 4-6 η 与 Q 的散点图

这样就将模型转化为了二元线性关系,根据原始数据进行计算,可得表 4-8。

表 4-8 二元线性回归计算表

序号	x_1	x_2	y	x_1^2	x_2^2	y^2	$x_1 x_2$	$x_1 y$	$x_2 y$
1	4.85	23.52	37.84	23.52	553.31	1431.87	114.08	183.52	890.09
2	4.50	20.25	40.69	20.25	410.06	1655.68	91.13	183.11	823.97
3	4.00	16.00	41.24	16.00	256.00	1700.74	64.00	164.96	659.84
4	3.50	12.25	40.43	12.25	150.06	1634.58	42.88	141.51	495.27
5	3.00	9.00	37.87	9.00	81.00	1434.14	27.00	113.61	340.83
6	2.50	6.25	35.65	6.25	39.06	1270.92	15.63	89.13	222.81
7	2.00	4.00	30.77	4.00	16.00	946.79	8.00	61.54	123.08
8	1.50	2.25	24.29	2.25	5.06	590.00	3.38	36.44	54.65
9	1.00	1.00	17.20	1.00	1.00	295.84	1.00	17.20	17.20
10	0.60	0.36	10.96	0.36	0.13	120.12	0.22	6.58	3.95

续表

序号	x_1	x_2	y	x_1^2	x_2^2	y^2	$x_1 x_2$	$x_1 y$	$x_2 y$
11	0.40	0.16	7.59	0.16	0.03	57.61	0.06	3.04	1.21
12	0.20	0.04	4.06	0.04	0.00	16.48	0.01	0.81	0.16
13	0.00	0.00	0.00	0.00	0.00	0.00	0.00	0.00	0.00
∑	28.05	95.08	328.59	95.08	1511.71	11154.77	367.37	1001.43	3633.07

由最小二乘法原理，建立正规方程组：

$$\begin{cases} l_{11}a_1 + l_{12}a_2 = l_{1y} \\ l_{21}a_1 + l_{22}a_2 = l_{2y} \end{cases}$$

据此方程组，可求出系数 a_1、a_2，a_0 可由下式求出：

$$a_0 = \bar{y} - a_1 \bar{x}_1 - a_2 \bar{x}_2$$

其中系数的计算过程如下，结果已列入表4-9：

$$l_{11} = \sum_{i=1}^{13} x_{1i} x_{1i} - \frac{1}{13} \sum_{i=1}^{13} x_{1i} \sum_{i=1}^{13} x_{1i} = 95.08 - \frac{28.05 \times 28.05}{13} = 34.56$$

$$l_{12} = l_{21} = \sum_{i=1}^{13} x_{1i} x_{2i} - \frac{1}{13} \sum_{i=1}^{13} x_{1i} \sum_{i=1}^{13} x_{2i} = 367.37 - \frac{28.05 \times 95.08}{13} = 162.22$$

$$l_{22} = \sum_{i=1}^{13} x_{2i} x_{2i} - \frac{1}{13} \sum_{i=1}^{13} x_{2i} \sum_{i=1}^{13} x_{2i} = 1511.71 - \frac{95.08 \times 95.08}{13} = 816.31$$

$$l_{1y} = \sum_{i=1}^{13} x_{1i} y_i - \frac{1}{13} \sum_{i=1}^{13} x_{1i} \sum_{i=1}^{13} y_i = 1001.43 - \frac{28.05 \times 328.59}{13} = 292.43$$

$$l_{2y} = \sum_{i=1}^{13} x_{2i} y_i - \frac{1}{13} \sum_{i=1}^{13} x_{2i} \sum_{i=1}^{13} y_i = 3633.07 - \frac{95.08 \times 328.59}{13} = 1229.81$$

表4-9 回归计算值

名称	l_{11}	$l_{12}=l_{21}$	l_{22}	l_{1y}	l_{2y}	$\bar{x}_1$	$\bar{x}_2$	$\bar{y}$
数值	34.56	162.22	816.31	292.43	1229.81	2.16	7.31	25.28

根据上面的数值可列出正规方程组：

$$\begin{cases} 34.56 a_1 + 162.22 a_2 = 292.43 \\ 162.22 a_1 + 816.31 a_2 = 1229.81 \end{cases}$$

解此方程组，得 $a_2 = -2.60$，$a_1 = 20.68$

$$a_0 = \bar{y} - a_1 \bar{x}_1 - a_2 \bar{x}_2 = 25.28 - 20.68 \times 2.16 + 2.60 \times 7.31 = -0.38$$

最后得到效率与流量的关系式为：

$$\hat{\eta} = -0.38 + 20.68 Q - 2.60 Q^2$$

效率的实测值与回归值的数值比较见表4-10，回归曲线见图4-7。

表 4-10　回归结果对照表

序号	1	2	3	4	5	6	7	8	9	10	11	12	13
$\hat{\eta}/\%$	38.76	40.03	40.74	40.15	38.26	35.07	30.58	24.79	17.70	11.09	7.48	3.65	−0.38
$\eta/\%$	37.84	40.69	41.24	40.43	37.87	35.65	30.77	24.29	17.20	10.96	7.59	4.06	0.00

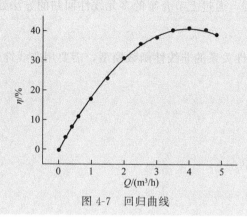

图 4-7　回归曲线

对回归方程进行显著性检验，回归平方和：

$$U=\sum_{i=1}^{13}(\hat{y}_i-\bar{y})^2=(38.76-25.28)^2+\cdots+(-0.38-25.28)^2=2853.98$$

剩余平方和

$$Q=\sum_{i=1}^{13}(y_i-\hat{y}_i)^2=(37.84-38.76)^2+\cdots+(0+0.38)^2=2.98$$

回归平方和的自由度 $f_U=2$

剩余平方和的自由度 $f_Q=f_总-f_U=13-1-2=10$

方差比

$$F=\frac{V_U}{V_Q}=\frac{\dfrac{2853.98}{2}}{\dfrac{2.98}{10}}=4788.56$$

查附录得，$F_{0.01}(2,10)=7.56<4788.56$，因此回归结果在最高水平 $\alpha=0.01$ 上仍然是显著的。

4.3.2.2.3　非线性回归

在实际问题中，变量之间的关系往往是非线性的。非线性关系曲线的回归一般采用将函数线性化处理后进行线性回归和直接进行非线性回归两种手段。

1. 非线性回归的线性化

工程中遇到的许多非线性问题可以通过对变量作适当的变换，转化为线性问题来处理。

[例 4.5]　传热实验中，需要求出流体在圆形直管内作强制湍流时的对流传热关联式 $Nu=aRe^bPr^c$ 中的常数 a、b、c。试采用线性化处理的方法加以处理。

解： 在方程 $Nu=aRe^bPr^c$ 两边取对数，得

$$\lg Nu = \lg a + b\lg Re + c\lg Pr$$

令 $y=\lg Nu$，$x_1=\lg Re$，$x_2=\lg Pr$，则上式可转化为

$$y = \lg a + bx_1 + cx_2$$

经变换后的线性方程，通过上节介绍的多元线性回归的方法处理即可。

2. 非线性化回归

对于不容易转化为线性关系的非线性函数模型，需要用非线性最小二乘法进行回归，具体解法可查阅有关专著。

第5章 实验设计

5.1 概 述

化工中的实验工作，可以归纳为以下两种类型。

5.1.1 析因实验

影响某一过程或对象的因素可能有许多，如物性因素、设备因素、操作因素等，究竟哪几种因素对该过程或对象有影响，哪些因素的影响比较大，需在过程研究中着重考察，哪些因素的影响比较小，可以忽略；此外，有些变量之间的交互作用也可能对过程产生不可忽视的影响。所有这些，都是化工工作者在面对一个陌生的新过程时首先要考虑的问题。通常解决这一问题的途径有两个，一是根据有关化工基础理论知识加以分析，二是直接通过实验来进行鉴别。由于化工过程的复杂性，即使是经验十分丰富的工程技术人员，也往往难以做出正确的判断，因此必须通过一定的实验来加深对过程的认识。从这一意义上说，析因实验也可称为认识实验。在过程新工艺的开发或新产品开发的初始阶段，往往需要借助析因实验。

5.1.2 过程模型参数的确定实验

无论是经验模型还是机理模型，其模型方程式中都含有一个或数个参数，这些参数反映了过程变量间的数量关系，同时也反映了过程中一些未知因素的影响。为了确定这些参数，需要进行实验以获得实验数据，然后，即可利用回归或拟合的方法求取参数值。要说明的是，机理模型和半经验半理论模型是先通过对过程机理的分析建立数学模型方程，再有目的地去组织少量实验拟合模型参数。经验模型往往是先通过足够的实验研究变量间的相互关系，然后通过对实验数据的统计回归处理得到相互的经验关联式，而事先并无明确的目的要建立什么样的数学模型。因此，所有的经验模型都可看成是变量间相互关系的直接测定的产物。

面对大量的实验工作，除了掌握有关的专业知识和查阅文献信息外，还必须有一套科学的实验设计方法，才能以最少的工作量获取最大量的信息。经过设计的实验和不经过设计的实验相比，情况大不相同。下面举一个简单的例子：

某厂在电解工艺技术改进时，希望提高电解率，做了三次初步的实验，结果如下：电解温度为65℃时，电解率为94.3%；74℃时，电解率为98.9%；80℃时，电解率为81.5%。

从实验结果来看，74℃时电解率最高，但最佳温度是不是就是 74℃？还需要在 74℃附近进一步安排实验。第一种方法是在 70℃、71℃、72℃、73℃、75℃、76℃、77℃逐个安排实验，工作量较大。第二种方法是首先对现有数据进行分析，发现电解率随着电解温度的升高，先增加后又减小，形成一条抛物线。因此可先用现有数据试求出抛物线方程，再用求导数找出极大值的方法寻找最佳温度。通过计算的最佳温度为 70.5℃，再在这一温度下做实验，电解率高达 99.5%，一次实验即可达到目的。

5.2 实验范围选择与实验布点

在实验设计中，正确地确定实验变量的变化范围和安排实验点的位置是十分重要的。如果变量的范围或实验点的位置选择不恰当，不但浪费时间、人力和物力，而且可能导致错误的结论。

例如在流体流动阻力测定实验中，希望获得摩擦阻力系数 λ 与雷诺数 Re 之间的关系，实验结果可标绘在双对数坐标系中。该曲线的变化规律是在小雷诺数范围内，λ 随 Re 的增大逐渐减小，且变化趋势逐渐放缓，而当 Re 增大到一定的值后，λ 趋近于某个常数而不再变化。如果想用较少的实验次数正确地测定 λ 与 Re 的关系，在实验布点时，就应当有意识地在小雷诺数范围内多安排一些实验点，而大雷诺数范围内少安排一些实验点。如果在小雷诺数范围内实验点安排不足，即使总实验点再多，也难以正确反映出 λ 与 Re 的关系。

再如，在离心泵特性曲线的测定实验中，随着流量的增大，离心泵的效率先是随之增大，达到一最高点后，流量再增大，效率又随之降低。因此在实验设计时，应特别注意正确地确定流量的变化范围和恰当的布点。如果变化范围的选择过于窄小，则得不到完整的实验结果，此时如果将有限范围内实验所得结论外推，则可能会导致错误的结果。

这两个例子说明，不同实验点提供的信息是不同的。如果实验范围和实验点的选择不恰当，即使实验点再多，实验数据再精确，也达不到预期的实验目的。实验设计得不好，试图靠精确的实验技巧或高级的数据处理技术加以弥补，是得不偿失甚至是徒劳的。相反，选择适当的实验范围和实验点的位置，即使实验数据稍微粗糙一些，数据少一些，也能达到实验目的。因此，在化工实验中，恰当的实验范围和实验点位置与实验数据的精确性相比更为重要。

5.3 正交实验设计

正交实验设计是一种科学地安排与分析多因素实验的方法。它利用正交表来安排实验，并利用正交表来计算和分析实验结果。

5.3.1 基本概念

5.3.1.1 问题的提出

我们在生产或科学研究中遇到的许多实际问题一般都是比较复杂的，包含有多个因素，每个因素又有不同的状态，它们互相交织在一起。为了寻求合适的生产条件，必须分析这些因素中哪个是主要的，哪个是次要的，以及最优状态组合是怎样的，等等。这就要对各因素以及各个因素的不同状态进行实验，这就是多因素的实验问题。为了叙述方便，先介绍有关术语和符号。

（1）实验指标 在实验中用来衡量实验效果的指标，如产量、收率、纯度等。实验指标按其性质，可分为定性实验指标和定量实验指标两类。

（2）因素 影响实验指标的要素或原因称之为因素或因子，常用大写字母 A、B、C⋯表示。

（3）水平 因素在实验中所取的具体状态或条件称为水平，常用 A_1、A_2、A_3⋯表示。如某化学反应温度对转化率有影响，温度就是因素，温度的不同取值，如 200℃、260℃、380℃ 等即为因素的水平。

下面结合具体的例子来说明正交设计解决什么问题。

[例 5.1] 某工厂想提高某化工产品的转化率，拟对工艺中 4 个主要因素各安排 3 个水平进行实验（见表 5-1），以寻找适宜的操作条件，并希望通过实验解决以下两个方面的问题：

（1）找出各因子对指标的影响规律，具体说就是：A、B、C、D 中哪个是主要的？哪个是次要的？

（2）选出各因子的一个水平来组成比较合适的实验条件，以后通称最优实验条件。这里的最优是对实验所考察的因子和水平而言。

表 5-1 因素水平表

水平	反应温度 A/℃	反应时间 B/h	某原料用量 C/%	真空度 D/mmHg
1	60	2.5	5	500
2	80	3.0	6	550
3	100	3.5	7	600

如果采用全面实验法，所考察四个因子的每个水平的所有可能搭配共有 $3\times3\times3\times3=3^4=81$ 种，每种做一次实验，共需 81 次，将全面实验结果进行分析，可以达到上述要求，唯一的缺点是实验次数太多。对于因子和水平数更为复杂的情况，如八因子五水平的全面实验要做 $5^8=390625$ 次，实验次数太多，是不可能做到的。

因此，如果能只进行全面实验中的一小部分，并对所得结果进行分析，就能达到全面实验的效果，将会节约大量的人力和物力，特别对复杂的多因子实验更是如此。本章将要介绍的正交设计方法就能实现这个要求，如果用正交表来安排上述实验，只需要安排 9 次实验即可达到目的（实验安排见表 5-2）。

表 5-2 正交设计实验安排表

实验号	反应温度 A/℃	反应时间 B/h	某原料用量 C/%	真空度 D/mmHg
1	60(A_1)	2.5(B_1)	5(C_1)	500(D_1)
2	60(A_1)	3.0(B_2)	6(C_2)	550(D_2)
3	60(A_1)	3.5(B_3)	7(C_3)	600(D_3)
4	80(A_2)	2.5(B_1)	6(C_2)	600(D_3)

续表

实验号	反应温度 A/℃	反应时间 B/h	某原料用量 C/%	真空度 D/mmHg
5	80(A_2)	3.0(B_2)	7(C_3)	500(D_1)
6	80(A_2)	3.5(B_3)	5(C_1)	550(D_2)
7	100(A_3)	2.5(B_1)	7(C_3)	550(D_2)
8	100(A_3)	3.0(B_2)	5(C_1)	600(D_3)
9	100(A_3)	3.5(B_3)	6(C_2)	500(D_1)

从表中的安排可以看出,在 9 次实验中,要考察的四个因素的每个水平都做了 3 次实验,实验点的分布十分均衡。这样 9 次实验的结果,将能代表全面的 81 次实验,配合后面将要介绍到的数据分析方法,完全可以解决上面提到的两个问题。

5.3.1.2 正交表

正交表是已经制作好的规格化的表格,是正交实验法的基本工具。为了认识正交表,我们介绍一下正交表的符号含义和正交表的性质。

(1) 等水平正交表

这类正交表名称的写法为:

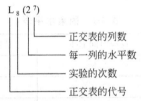

字母 L 是正交表的代号,它的三个不同位置的数字表示了表的结构和用法。L 下脚数字"8"表示有 8 行,需要做 8 次实验;括号内指数"7"表示有 7 列,即最多安排的因子个数为 7 个;括号内数字"2"表示每个因子有 2 个水平。表的具体形式见表 5-3。

表 5-3 L_8(2^7) 正交表

列号\实验号	1	2	3	4	5	6	7
1	1	1	1	1	1	1	1
2	1	1	1	2	2	2	2
3	1	2	2	1	1	2	2
4	1	2	2	2	2	1	1
5	2	1	2	1	2	1	2
6	2	1	2	2	1	2	1
7	2	2	1	1	2	2	1
8	2	2	1	2	1	1	2

(2) 混合水平正交表

这类正交表名称的写法为:

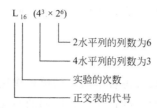

同样,字母 L 是正交表的代号,它的几个不同位置的数字表示了表的结构和用法。L 下脚数字"16"表示有 16 行,需要做 16 次实验;括号内数字"4^3"表示正交表中 4 个水平的有 3 列,即最多安排的 4 水平因子个数为 3 个;括号内数字"2^6"表示正交表中 2 个水平的有 6 列,即最多安排的 2 水平因子个数为 6 个。此正交表共有 9 列,表的具体形式见表 5-4。

表 5-4 L_{16} ($4^3 \times 2^6$) 正交表

列号 实验号	1	2	3	4	5	6	7	8	9
1	1	1	1	1	1	1	1	1	1
2	1	2	2	1	1	2	2	2	2
3	1	3	3	2	2	1	1	2	2
4	1	4	4	2	2	2	2	1	1
5	2	1	2	1	2	1	2	1	2
6	2	2	1	2	2	2	1	2	1
7	2	3	4	1	2	2	1	1	1
8	2	4	3	1	1	2	1	1	2
9	3	1	3	1	2	2	1	2	1
10	3	2	4	1	2	1	1	1	2
11	3	3	1	1	1	2	2	1	1
12	3	4	2	2	1	1	1	2	1
13	4	1	4	2	1	2	2	2	2
14	4	2	3	2	1	1	2	1	1
15	4	3	2	1	2	2	1	1	1
16	4	4	1	2	1	2	2	2	2

正交表有如下性质:

① 表中任何一列,不同的数字出现的次数相等。如 L_8 (2^7) 表每列中数字 1, 2 都出现四次,而 L_9 (3^4) 表每列中数字 1,2,3 都出现三次。

② 表中任意两列,将同一横行的两个数字看成有序数对时,每种数对出现的次数相等。如 L_8 (2^7) 表中,数字 1 与 2 的可能数对为 (1,1),(1,2),(2,1),(2,2),它们在任意两列中各出现两次,表示任意两列数字 1 与 2 搭配是均衡的。同样对 L_9 (3^4) 表,任意两列中数字 1,2,3 搭配也是均衡的。

这两个特点称为正交性。正交表具有上述特点,保证了用正交表安排的实验方案中因素水平是均衡搭配的,数据点的分布是均匀的。

此外,对正交表中任两行或任两列交换,将某一列中各数作对换或轮换,它仍然是同一正交表。因而可能会出现各种的正交表在表面上很不相同,但实质是一回事的情况,在使用时应该注意。

5.3.1.3 交互作用

实验设计过程中,如果我们只考虑各个因子的单独作用对实验指标的影响,不考虑因子间联合搭配起来对指标产生的影响,则这些单独影响的叠加就是对指标的总影响。而在很多多因子实验中,不仅各因子单独对指标有影响,而且因子间联合搭配对指标也会产生影响。如果因素 A 的数值或水平发生变化,实验指标随因素 B 变化的规律也发生变化;或因素 B 的数值或水平发生变化时,实验指标随因素 A 变化的规律也发生变化,则称因素 A、B 间有交互作用,记为 A×B。

为了说明这个问题,我们来看一个简单的例子。

设因子 A、B 各有两个水平 A_1,A_2;B_1,B_2,实验后得到表 5-5 所示的实验结果。从表 5-5 实验一的结果可以看出,无论 B 取什么水平,A_2 比 A_1 使结果大 20;无论 A 取什么水平,B_2 比 B_1 使结果大 30。即 A、B 因子对结果都有影响,但分别是单独的影响。单独影响的叠加就是对指标的总影响:20+30=50=170-120。这时我们就说 A、B 间不存在交互作用。

表 5-5 实验结果表

B \ A	实验一		实验二	
	A_1	A_2	A_1	A_2
B_1	120	140	120	140
B_2	150	170	150	100

而实验二的情况就不一样了,B_1 行中 A_2 比 A_1 使结果大 20,而在 B_2 行中,A_2 却比 A_1 使结果小 50。这表示,因子 A 对结果的影响和因子 B 取什么水平有关系。同样因子 B 对结果的影响也和 A 取什么水平有关系。这时我们就说 A、B 之间存在交互作用。

实际上交互作用在多因子实验里总是或多或少存在的,只是有时它与因子的单独作用相比很小,可以略而不计。

5.3.2 用正交表安排实验

根据实验目的,明确实验因子、水平和指标后,需要选用合适的正交表来安排实验,可分为考虑交互作用和不考虑交互作用两种情况。

5.3.2.1 不考虑交互作用

例 5.1 中有四个三水平因子,因为正交表的每列只能放置一个因子,因此选用的正交表必须是三水平、且其列数不能少于 4 列,而且实验次数要尽量少,为此,我们选用 $L_9(3^4)$ 正交表,共需做九次实验。因只考虑因子单独作用,可把 A、B、C、D 四因子任意填在表头的四列上,这样表上同一横行里填有因子列的四个数字就对应一个实验条件,于是得到九个实验条件组成的实验方案,如表 5-2 所示。每个实验条件都对应有具体内容。如第四号实验条件是 $A_2B_1C_2D_3$,它对应的具体内容为反应温度 80℃,反应时间 2.5h,某原料用量 6%,真空度为 600mmHg。其它可类似写出具体内容,按照九个实验条件进行实验即可。

这里要说明的是有时为了避免系统误差,对因子各水平所对应的状态不按大小顺序排列,而作"随机化"处理。例如用抽签法,将 A_1 定为 80℃,A_2 定为 60℃,A_3 定为 100℃。

5.3.2.2 考虑交互作用

将所需研究的因子与交互作用合理地安排到正交表适当列上,又叫表头设计。表头设计时,如果同一列上出现两个以上的因子或交互作用,则称为发生混杂,这是在表头设计时应该尽量避免的。

(1) 利用两列间交互作用表安排

许多正交表都附有相应的交互作用列表,它指出了任何两列间的交互作用所在的位置,便于考察两因子之间对指标的交互作用。以 $L_8(2^7)$ 表的"两列间交互作用列"表为例(表 5-6)来说明用法。

表 5-6 中的所有数字都是表 $L_8(2^7)$ 的列号。将表中带括号的列号从左到右与不带括号的列号垂直向下,交点处的数字就是这两列的交互作用列的列号。如第 1 列与第 2 列的交互作用列是第 3 列,第 2 列与第 4 列的交互作用列是第 6 列,等等。从表中可以查到 $L_8(2^7)$ 表任意两列的交互作用列的列号,对其它的交互作用列表的查法也与此表类似。不过,对二水平正交表,任何两列的交互作用仅占一列,而对三水平正交表,任何两列的交互作用要占两列,一般地,r 水平正交表,任何两列的交互作用要占 $r-1$ 列。

表 5-6 $L_8(2^7)$ 两列间交互作用列

列号 列号	1	2	3	4	5	6	7
1	(1)	3	2	5	4	7	6
2		(2)	1	6	7	4	5
3			(3)	7	6	5	4
4				(4)	1	2	3
5					(5)	3	2
6						(6)	1
7							(7)

当各因子间的交互作用均可忽略时,在正交表的每列表头可任意填一个因子。当某些因子间的交互作用不能忽略时,交互作用不能随便填,必须填在交互作用列表指定的列上。如对 $L_8(2^7)$ 表,第一列与第二列的交互作用列是第三列,若第一列是 A 因子,第二列是 B 因子,则第三列上应该是交互作用 A×B,不能排其它因子。如果正交表没有附"两列间交互作用列"表,则此正交表不便考虑有交互作用实验的正交设计,一般它只能用在不考虑交互作用的情形。

[例 5.2] 农药厂进行提高某农药收率实验,根据生产经验,发现影响农药收率的因素有 4 个,每个因素都有两种状态,具体见表 5-7。同时考虑到反应温度 A 与反应时间 B 可能会有交互作用,反应温度 A 与原料配比 C 可能会有交互作用,反应时间 B 与原料配比 C 之间也可能有交互作用。试选择合适的正交表,并进行表头设计。

表 5-7　因素和水平表

水平\因素	反应温度/℃ A	反应时间/h B	原料配比 C	真空度/Pa D
1	$A_1=60$	$B_1=2.5$	$C_1=1.1/1$	$D_1=6.67\times10^4$
2	$A_2=80$	$B_2=3.5$	$C_2=1.2/1$	$D_2=8.00\times10^4$

解：由于实验共考察 4 个因子和 3 个交互作用，且因子均为 2 个水平，故可使用 $L_8(2^7)$ 正交表。由于 A、B 在第 1、2 列，则 A×B 应放在第 3 列，C 在第 4 列，A×C、B×C 分别在第 5、6 列，D 只能排在第 7 列。

还需要说明的是，交互作用不是具体的因子，表中交互作用列的水平号，对安排实验不起作用，只供分析实验结果用。

(2) 利用表头设计表安排

表 5-8 是正交表 $L_8(2^7)$ 的表头设计表，可以根据该表和实验要求来安排实验。比如，考察的因素为四个，在表 5-8 中因素为 4 的表头设计有两行，究竟取上行还是取下行，主要取决于该实验研究的重点是什么。

若实验者认为对实验指标影响最大的是 4 个单因素 A、B、C、D 和交互作用 A×B、A×C，它们是实验研究的重点，应尽量避免因表头设计混杂而影响实验结果的分析，则宜取表 5-8 中因素数为 4 的上一行，作为表头设计。本例题即属于这种情况，且没有考虑交互作用 C×D、B×D、A×D。

若实验者认为交互作用 A×B、A×C、A×D 对实验指标的影响远大于其他的交互作用，特别希望得到它们对指标影响的较可靠的信息，则可让影响较小的因素或交互作用混杂，因此宜取表 5-8 中因素数为 4 的下一行作为表头设计。

表 5-8　正交表 $L_8(2^7)$ 的表头设计

因素数\列号	1	2	3	4	5	6	7
3	A	B	A×B	C	A×C	B×C	
4	A	B	A×B C×D	C	A×C B×D	B×C A×D	D
4	A	B C×D	A×B	C B×D	A×C	D B×C	A×D
5	A D×E	B C×D	A×B C×E	C B×D	A×C B×E	D A×E B×C	E A×D

若将本例题改为希望能够不受干扰地考察 4 个因素及其所有的两两交互作用对实验指标的影响，则由表 5-8 可以看出，选 $L_8(2^7)$ 表是不可能办到的。为此可选正交表 $L_{16}(2^{15})$。

另外，对实验之初不考虑交互作用而选用较大的正交表，空列较多时，最好仍与有交互作用时一样，按规定进行表头设计。只不过将有交互作用列先视为空列，待实验结束后再加以判定。

5.3.2.3 选择正交表的基本原则

一般都是先确定实验的因素、水平和交互作用，后选择适用的正交表。在确定因素的水平数时，主要因素宜多安排几个水平，次要因素可少安排几个水平。

在选择正交表时，需遵循如下原则：

(1) 看水平数。若各因素全是 2 水平，就选 $L_*(2^*)$ 表；若各因素全是 3 水平，就选 $L_*(3^*)$ 表。若各因素的水平数不相同，就选择适用的混合水平表。

(2) 每一个交互作用在正交表中应占一列或几列，要看所选的正交表是否足够大，能否容纳得下所考虑的因素和交互作用。为了对实验结果进行方差分析，还必须至少留一个空白列，作为"误差"列，在极差分析中可作为"其他因素"列处理。

(3) 要看实验精度的要求。若要求高，则宜取实验次数多的正交表。若实验费用很高，或实验的经费很有限，或人力和时间都比较紧张，则不宜选实验次数太多的正交表。

(4) 按原考虑的因素、水平和交互作用去选择正交表，无正好适用的正交表可选时，简便且可行的办法是适当修改原定的水平数。

(5) 在某因素或某交互作用的影响是否确实存在没有把握的情况下，选择正交表时常为该选大表还是选小表而犹豫。若条件许可，应尽量选用大表，让影响存在的可能性较大的因素和交互作用各占适当的列。某因素或某交互作用的影响是否真的存在，留到方差分析作显著性检验时再作结论。这样既可以减少实验的工作量，又不至于漏掉重要的信息。

5.3.3 实验结果的分析

正交实验方法能得到科技工作者的重视，在实践中得到广泛的应用，不仅由于实验的次数减少，而且用相应的方法对实验结果进行分析可以引出许多有价值的结论。因此，在正交实验中，如果不对实验结果进行认真的分析，就失去了用正交实验法的意义和价值。

5.3.3.1 正交表的整齐可比性

由于多因子实验的每个因子条件都在变化并且又相互交织在一起，直接由实验数据来分辨各个因子对指标的影响比较困难。利用正交表的特性，进行适当组合，就能得到有效的比较。以例 5-1 中 A 因子为例，在表 5-2 中把与 A 因子三个水平对应的实验条件列成表 5-9。

表 5-9 正交表的整齐可比性

实验号	A	B	C	D
1,2,3	全是 A_1	B_1、B_2、B_3 各一次	C_1、C_2、C_3 各一次	D_1、D_2、D_3 各一次
4,5,6	全是 A_2	B_1、B_2、B_3 各一次	C_1、C_2、C_3 各一次	D_1、D_2、D_3 各一次
7,8,9	全是 A_3	B_1、B_2、B_3 各一次	C_1、C_2、C_3 各一次	D_1、D_2、D_3 各一次

从表 5-9 可以看出，A 因子的三个水平在实验中各出现三次。由于正交表的均衡搭配，在 A_1、A_2、A_3 的各自三次实验中，B、C、D 因子的三个水平都各出现了一次。这样对 A_1、A_2、A_3 的各自三次实验，B、C、D 因子虽然在变动，但这种变动是"平等"的，从而使在 A 因子三个水平的效果中，最大限度地排除了 B、C、D 因子的干扰，因而能有效地进行比较。因为在 A_1、A_2、A_3 的各自三次实验中，B、C、D 因子配合方式不同，这种比较只能是相对有效的。我们把这种相对有效的比较称为整齐可比性。同样 B、C、D 因子也

具有此种特性,任何一张正交表都具有这种整齐可比性。

5.3.3.2 极差分析

利用正交表的整齐可比性,通过某因子在不同水平下平均指标的差异,反映该因子的水平变化对指标影响的大小。以 A 因子为例分析因子水平的变化对指标(即农药收率)的影响。由表 5-10 的实验结果计算 A_1、A_2 水平下指标之和,并用 M_{ij} 表示正交表第 j 列因子对应于 i 水平的实验结果之和,m_{ij} 表示相应的平均值。

对应于 A_1 水平的四次实验的指标之和
$$M_{11} = y_1 + y_2 + y_3 + y_4 = 86 + 95 + 91 + 94 = 366$$

平均指标
$$m_{11} = M_{11}/4 = 366/4 = 91.5$$

对应于 A_2 水平的四次实验的指标之和
$$M_{21} = y_5 + y_6 + y_7 + y_8 = 91 + 96 + 83 + 88 = 358$$

平均指标
$$m_{21} = M_{21}/4 = 358/4 = 89.5$$

因为正交表的整齐可比性,m_{11} 与 m_{21} 的差异可看作由 A 因子取不同水平引起的。在实验误差较小的假定下,这种差异反映了 A 因子对指标影响的大小:差异大,说明 A 因子对指标影响大;差异小,则说明 A 因子对指标影响较小。用平均极差 $\overline{R}_J$ 来表示这种差异:$\overline{R}_J = \max_i \{m_{ij}\} - \min_i \{m_{ij}\}$。对于 A 因子,极差

$$\overline{R}_1 = 91.5 - 89.5 = 2.0$$

对 B、C、D 以及各交互作用列也可用同样的方法算出 M_{ij}、m_{ij}、$\overline{R}_J$,并将计算结果列入表 5-10。

表 5-10 正交实验极差分析表

实验号 \ 列号	1 A/℃	2 B/h	3 A×B	4 C	5 A×C	6 B×C	7 D/Pa	收率 y_i/%
1	1(60)	1(2.5)	1	1(1.1/1)	1	1	1(6.67×10⁴)	$y_1 = 86$
2	1	1	1	2(1.2/1)	2	2	2(8.00×10⁴)	$y_2 = 95$
3	1	2(3.5)	2	1	1	2	2	$y_3 = 91$
4	1	2	2	2	2	1	1	$y_4 = 94$
5	2(80)	1	2	1	2	1	2	$y_5 = 91$
6	2	1	2	2	1	2	1	$y_6 = 96$
7	2	2	1	1	2	2	1	$y_7 = 83$
8	2	2	1	2	1	1	2	$y_8 = 88$
M_{1j}	366	368	352	351	361	359	359	
M_{2j}	358	356	372	373	363	365	365	
m_{1j}	91.5	92.0	88.0	87.75	90.25	89.75	89.75	
m_{2j}	89.5	89.0	93.0	93.25	90.75	91.25	91.25	
$\overline{R}_J$	2.0	3.0	5.0	5.5	0.5	1.5	1.5	

根据这些计算结果，可以引出如下结论：

(1) 各列对实验指标的影响大小

极差的大小反映了因素取不同水平所引起指标的变化大小。极差大说明该因素对指标的影响比较大，极差小就意味着该因素对指标的影响小。由此可以根据极差的大小顺序排出因素和交互作用的主次顺序：

$$C \rightarrow A \times B \rightarrow B \rightarrow A \rightarrow D、B \times C \rightarrow A \times C$$

在本实验范围内，因素 C 和交互作用 A×B 对农药的收率影响最大，其他因素和交互作用的影响相对较小，交互作用 A×C 的影响最小，可不必考虑。

(2) 实验指标随各因素的变化趋势

由表 5-10 中的第 1 (A) 列：$A_1=60℃$ 时，$m_{1j}=91.5$；$A_2=80℃$ 时，$m_{2j}=89.5$。可见，反应温度 (A) 升高，收率下降。同样可引出结论：反应时间 (B) 加长，收率下降；原料配比 (C) 增大，收率增大；真空度 (D) 增大，收率增大。

(3) 确定适宜的操作条件

要确定适宜的操作条件，首先应明确所讨论问题的实验指标的数值是越大越好还是越小越好。很明显，本题的实验指标（收率）是越大越好。

在确定适宜操作条件时，应优先考虑对实验指标影响大的实验因素和交互作用。也就是说必须按对实验指标的影响从大到小的顺序，来确定适宜的操作条件。

① 对于因素 C，宜取 2 水平。

② 对于交互作用 A×B，需列出二元表（见表 5-11）来分析。

从二元表可以看出，A_2B_1 对应的收率最大，A_1B_2 对应的收率也比较大，因此可选 A_2B_1 或 A_1B_2 的水平搭配。

③ 对于 B 因素，宜取 1 水平。

④ 对于 A 因素，从 A 因素单独对收率的影响看，宜取 1 水平。但 A 因素的影响不如交互作用 A×B 的影响大，要优先考虑交互作用，结合 B 因素的适宜水平，因此 A 因素应该取 2 水平。

⑤ 对于 D 因素，宜取 2 水平。

⑥ 对于 B×C 与 A×C，因为 C、B、A 的影响比这两个交互作用的影响大，上述已经确定出了它们的水平搭配，因此 B×C 与 A×C 的水平搭配不必考虑了。

所以，为提高农药的收率，在本实验范围内，适宜的操作条件为：反应温度，第 2 水平，80℃；反应时间，第 1 水平，2.5 h；原料配比，第 2 水平，1.2/1；真空度，第 2 水平，8.00×10^4 Pa。

(4) 明确进一步实验的方向

从上面的分析可以看出，因素 C（原料配比）从 1.1/1 增加到 1.2/1 时，收率是提高的；因素 B（反应时间）从 2.5h 增加到 3.5h 时，收率是下降的。因此如果希望进一步提高收率，则因素 C 取大于 1.2/1 及因素 B 取小于 2.5h，再进一步作实验。其他因素由于其影响比较小，可以不考虑。因此，通过计算分析为我们指出了进一步实验的方向。

表 5-11　交互作用 A×B 的二元表

收率	$y/\%$	
因素、水平	$B_1=2.5h$	$B_2=3.5h$
$A_1=60℃$	$(y_1+y_2)/2=(86+95)/2=90.5$	$(y_3+y_4)/2=(91+94)/2=92.5$
$A_2=80℃$	$(y_5+y_6)/2=(91+96)/2=93.5$	$(y_7+y_8)/2=(83+88)/2=85.5$

5.3.3.3　方差分析

前面介绍了正交实验设计的极差分析法，这个方法比较简单易懂，但该方法分析出的因子主次关系和确定的最优条件都是在没有考虑实验误差的情况下做出的。没有区分实验数据的差异是真正由因子水平变化引起的，还是由实验误差造成的，因此不能知道分析的精度。为了在误差干扰下仍能做出必要的结论，可采用方差分析的方法，将数据波动的总离差平方和分解为因子的离差平方和与随机误差平方和两部分，将因子水平变化与误差引起的实验数据间的差异区分开来。

(1) 无重复实验正交表的方差分析

设正交表的水平数为 r，每个水平有 t 次实验，总实验次数为 n，则 $n=r×t$。y_i 表示各次实验的结果（$i=1, 2, \cdots, n$），$\overline{y}$ 表示实验数据的总平均，即 $\overline{y}=\dfrac{1}{n}\sum\limits_{i=1}^{n}y_i$。总离差平方和为：

$$S_T=\sum_{i=1}^{n}(y_i-\overline{y})^2=\sum_{i=1}^{n}y_i^2-\frac{1}{n}\Big(\sum_{i=1}^{n}y_i\Big)^2$$

各列的离差平方和为：

$$S_j=\sum_{i=1}^{r}t(m_{ij}-\overline{y})^2=\frac{1}{t}\sum_{i=1}^{r}M_{ij}^2-\frac{1}{n}\Big(\sum_{i=1}^{n}y_i\Big)^2$$

可以证明

$$S_T=\sum_{j}S_j$$

即总离差平方和为各列离差平方和的总和。对于正交表填有因子的列，其离差平方和的总和就是所有因子离差平方和，即 $S_{因}$；对没有填因子的列，即所有空列，其离差平方和的总和就是误差平方和，即 S_E。

$$S_T=S_{因}+S_E$$

对于自由度，因为实验总次数为 n，S_T 受等式 $\sum\limits_{i=1}^{n}(y_i-\overline{y})=0$ 的约束，因而 S_T 的自由度 f_T 为 $n-1$。即

$$f_T=n-1$$

对于各列，因为受等式 $\sum\limits_{i=1}^{r}t(m_{ij}-\overline{y})=0$ 的约束，因而各列 S_j 的自由度都为 $r-1$，即

$$f_j=r-1$$

对于填有因子的列，其自由度的和就是 $f_{因}$，空列自由度之和就是误差的自由度 f_E，总自由度为各列自由度的总和，即

$$f_T=f_{因}+f_E$$

为了分析某个因子（如A因子）的水平变化对指标影响的显著性，可以采用F检验法，统计量F的计算方法如下：

$$F_A = \frac{S_A/f_A}{S_E/f_E}$$

对于给定的检验水平a，由自由度(f_A, f_E)，查F分布表可得该检验水平下的临界值$F_a(f_A, f_E)$。比较F_A与$F_a(f_A, f_E)$的大小，如果F_A大于$F_a(f_A, f_E)$，则可认为在检验水平a下A因子作用显著，否则A因子作用不显著。

具体计算时，有了各列的显著性检验之后，最后应将影响不显著的交互作用列与原来的"误差列"合并起来，组成新的"误差列"，重新检验各列的显著性。

[**例5.3**] 合成氨最佳工艺条件确定实验。根据生产经验，考察因素及其水平如表5-12所示，考察指标为氨的产量，用方差分析法分析正交实验结果，并确定最优条件。

表5-12 考察条件表

水平\因子	A 反应温度/℃	B 反应压力/MPa	C 催化剂种类
1	460	25	甲
2	490	27	乙
3	520	30	丙

解：这是一个三因子三水平的实验，可选用$L_9(3^4)$正交表。按正交表安排实验，将实验的因子和水平填入表中，实验结果和分析结果也填入表中，最终表格见表5-13。表中的最后一行就是各列的离差平方和，对于前三列，填有因子，故$S_1=S_A$、$S_2=S_B$、$S_3=S_C$；第四列是空列，因而是误差列，即$S_4=S_\text{误}$。

表5-13 正交实验极差与方差分析表

实验号\列号	1 A/℃	2 B/MPa	3 C	4 E	氨产量 y_i/t
1	1(460)	1(25)	1(甲)	1	$y_1=1.72$
2	1	2(27)	2(乙)	2	$y_2=1.82$
3	1	3(30)	3(丙)	3	$y_3=1.80$
4	2(490)	1	2	3	$y_4=1.92$
5	2	2	3	1	$y_5=1.83$
6	2	3	1	2	$y_6=1.98$
7	3(520)	1	3	2	$y_7=1.59$
8	3	2	1	3	$y_8=1.60$
9	3	3	2	1	$y_9=1.81$

续表

实验号\列号	1 A/℃	2 B/MPa	3 C	4 E	氨产量 y_i/t
M_{1j}	5.34	5.23	5.30	5.36	
M_{2j}	5.73	5.25	5.55	5.39	
M_{3j}	5.00	5.59	5.22	5.32	
m_{1j}	1.780	1.743	1.767	1.787	$\sum_{i=1}^{n} y_i = 16.07$
m_{2j}	1.910	1.750	1.850	1.797	$\bar{y} = 1.786$
m_{3j}	1.667	1.863	1.740	1.773	
$\bar{R}_j$	0.243	0.12	0.11	0.024	
S_j	0.08896	0.02729	0.01976	0.00082	0.13683

现 $r=3$，$t=3$，$n=9$，故

$$\sum_{i=1}^{9} y_i = 1.72 + 1.82 + \cdots + 1.81 = 16.07$$

$$\bar{y} = \frac{1}{n}\sum_{i=1}^{9} y_i = \frac{16.07}{9} = 1.786$$

$$S_A = \sum_{i=1}^{3} 3(m_{i1} - \bar{y})^2 = 3(1.780 - 1.786)^2 + 3(1.910 - 1.786)^2$$
$$+ 3(1.667 - 1.786)^2 = 0.08896$$

$$S_B = \sum_{i=1}^{3} 3(m_{i2} - \bar{y})^2 = 3(1.743 - 1.786)^2 + 3(1.750 - 1.786)^2$$
$$+ 3(1.863 - 1.786)^2 = 0.02729$$

$$S_C = \sum_{i=1}^{3} 3(m_{i3} - \bar{y})^2 = 3(1.767 - 1.786)^2 + 3(1.850 - 1.786)^2$$
$$+ 3(1.740 - 1.786)^2 = 0.01976$$

$$S_E = \sum_{i=1}^{3} 3(m_{i4} - \bar{y})^2 = 3(1.787 - 1.786)^2 + 3(1.797 - 1.786)^2$$
$$+ 3(1.773 - 1.786)^2 = 0.00082$$

$$S_T = \sum_j S_j = 0.08896 + 0.02729 + 0.01976 + 0.00082 = 0.13683$$

各列的自由度 $f_j = r - 1 = 2$。

$$F_A = \frac{S_A/f_A}{S_E/f_E} = \frac{0.08896/2}{0.00082/2} = 108.49$$

$$F_B = \frac{S_B/f_B}{S_E/f_E} = \frac{0.02729/2}{0.00082/2} = 33.29$$

$$F_C = \frac{S_C/f_C}{S_E/f_E} = \frac{0.01976/2}{0.00082/2} = 24.10$$

最后得到如表 5-14 的方差分析表。

表 5-14　正交实验显著性检验表

方差名称	S	f	S/f	F	显著性
A	0.08896	2	0.04448	108.49	**
B	0.02729	2	0.01365	33.29	*
C	0.01976	2	0.00988	24.10	*
E	0.00082	2	0.00041		

注：$F_{0.05}(2,2)=19.00$，$F_{0.01}(2,2)=91.01$。

方差分析的结论是 A、B、C 三因子作用均显著，且 A 因子高度显著。

从表 5-13 可以看出 A 取 2 水平，B 取 3 水平，C 取 2 水平较好，故最优条件为 $A_2B_3C_2$，即反应温度为 490℃，反应压力为 30MPa，催化剂为乙类。

有交互作用实验的方差分析，方法与上面类似。对交互作用的显著性检验与因子的显著性检验是一样的，填有因子的列的 S_j 就是该因子的离差平方和；填有交互作用的列的 S_j 就是该交互作用的离差平方和（当因子为二水平以上时，交互作用列占有几列，应将这几列的 S_j 相加）。交互作用的自由度，则是相应因子自由度的乘积，如 $f_{A\times B}=f_A\times f_B$。空列仍为误差列，所有空列 S_j 之和为误差平方和。

(2) 有重复实验正交表的方差分析

用正交设计安排实验通常不用做重复实验，因为一般来说，按已做实验的条件重复进行，不如用实验次数较多的更大的正交表，那样可以得到更多的信息。但有时实验误差较大，为了提高统计分析的可靠性，必要时也可以做重复实验。还有一种情况，因素的个数如果和列数相等，这时就没有误差列，因而不能进行方差分析，在这种情况下，也必须做重复实验。对重复实验的方差分析与本节的分析基本相同。使用时请参考相关的书籍。

5.4　均匀实验设计

均匀设计只考虑实验点在实验范围内均匀散布，挑选实验代表点的出发点是"均匀分散"，而不考虑"整齐可比"，它可保证实验点具有均匀分布的统计特性，可使每个因素的每个水平做一次且仅做一次实验，任两个因素的实验点点在平面的格子点上，每行每列有且仅有一个实验点。它着重在实验范围内考虑实验点均匀散布以求通过最少的实验来获得最多的信息，因而其实验次数与正交设计相比明显减少，使均匀设计特别适合于多因素多水平的实验和系统模型完全未知的情况。例如，当实验中有 m 个因素，每个因素有 n 个水平时，如果进行全面实验，共有 n^m 种组合，正交设计是从这些组合中挑选出 n^2 个实验，而均匀设计是利用数论中的一致分布理论选取 n 个点实验，而且应用数论方法使实验点在积分范围内散布得十分均匀，并使分布点离被积函数的各种值充分接近，因此便于计算机统计建模。如某项实验影响因素有 5 个，水平数为 10 个，则全面实验次数为 10^5 次，即做十万次实验；正交设计是做 10^2 次，即做 100 次实验；而均匀设计只做 10 次，可见其优越性非常突出。

具体方法可查阅相关专著。

5.5 序贯实验设计

序贯实验设计的基本思路是：先做预实验，对研究对象获取一定的信息。例如，单因素优选、多因素正交实验设计都相当于预实验，在这些信息的基础上，根据已有的信息和模型，找出下一个实验点的最佳位置。做完实验后，如果不满意，再利用新的结果与原来占有的信息，进一步确定再下一个实验点的位置，直到满意为止。序贯实验设计的特点是：在实验过程中信息不断进行反馈和交流，使下一个实验点安排在此刻最优的条件下进行。这样，进行序贯实验设计时，每获取一个实验结果，就要进行一定的有时复杂的数学计算，才能确定下一个实验点的位置以使实验序贯地进行。可以认为，序贯实验一半是在实验室中进行，另一半是在计算机上进行的。它把数学模拟和实验验证有机地结合起来了。

第6章 化工原理基本实验

6.1 离心泵特性曲线测定实验

【实验目的】

1. 了解离心泵的结构及工作原理,掌握离心泵的操作及调节方法。
2. 测定恒定转速下离心泵的特性曲线,确定离心泵的适宜操作区。
3. 测定离心泵出口阀门开度一定时的管路特性曲线。

【实验原理】

1. 离心泵的特性曲线

离心泵以其结构简单、操作方便、适用范围广等特点广泛应用于化工生产中。离心泵的主要性能参数有流量 q_v、压头 H、轴功率 P 和效率 η 等。由于实际流体在离心泵内流动的复杂性,q_v、H、P 和 η 之间的关系只能通过实验测定。在一定转速下,离心泵的压头 H、轴功率 P、效率 η 与流量 q_v 的关系曲线称为离心泵的特性曲线。离心泵的特性曲线是选用离心泵型号、确定最佳工作条件的重要依据。

离心泵特性曲线测定实验——实验理论

(1) 流量 q_v 的测定

离心泵的流量通过出口管路上的电动调节阀调节,利用涡轮流量计进行测定。

(2) 压头 H 的测定与计算

若在离心泵的入口截面 1 和出口截面 2 之间列伯努利方程:

$$z_1 + \frac{u_1^2}{2g} + \frac{p_1}{\rho g} + H = z_2 + \frac{u_2^2}{2g} + \frac{p_2}{\rho g} + H_{f1\text{-}2} \tag{6-1}$$

式中,z_1,z_2 为泵进出口测压点的高度差,m;p_1,p_2 为泵进、出口的压力,Pa;u_1,u_2 为流体在泵进、出口管路内的流速,m/s;$H_{f1\text{-}2}$ 为流体在泵入口和出口之间管路内流动时的阻力损失,由于两截面距泵体很近,其数值与其他项相比较小,通常可以忽略不计。

上式经整理可得:

$$H = (z_2 - z_1) + \frac{(u_2^2 - u_1^2)}{2g} + \frac{(p_2 - p_1)}{\rho g} \tag{6-2}$$

(3) 轴功率的测量与计算

离心泵的轴功率 P 为泵轴所需功率，即离心泵的输入功率。由于本实验中采用功率表测定电动机电功率 $P_电$，轴功率由下式计算：

$$P = P_电 \, \eta_电 \, \eta_传 \tag{6-3}$$

式中，$P_电$ 为电动机的输入功率，W；$\eta_传$ 为传动效率，本实验装置电机与泵为轴联接，传动效率可近似为 1.0；$\eta_电$ 为电动机的效率。

(4) 泵的效率

离心泵的有效功率 P_e 为流体单位时间经过泵后实际所获得的有效能量，即离心泵的输出功率，其值由下式计算：

$$P_e = q_v \rho g H \tag{6-4}$$

式中，q_v 为液体的流量，m^3/s；ρ 为液体的密度，kg/m^3；g 为重力加速度，m/s^2。

当液体在离心泵内流动时，由于容积损失、水力损失和机械损失存在，有效功率一定小于轴功率，轴功率的损失程度通常用泵的效率 η 来反映，即

$$\eta = \frac{P_e}{P} = \frac{q_v \rho g H}{P} \tag{6-5}$$

(5) 离心泵的转速对特性曲线的影响

离心泵特性曲线是在一定转速下测定出来的，但是拖动离心泵的电动机常为交流异步电动机，其转速会随负载的变化而改变，因此在绘制离心泵特性曲线时，须将实测转速 n 下的性能参数（流量 q_v、压头 H、轴功率 P）转换为指定转速 n' 下的性能参数（流量 q'_v、压头 H'、轴功率 P'），并以此绘制转速 n' 下的特性曲线。

在转速变化小于 20% 时，效率近似不变，不同转速下的 q_v、H、P 可通过式 (6-6)，即离心泵的比例定律进行换算。

$$q'_v = q_v \frac{n'}{n}; \quad H' = H \left(\frac{n'}{n}\right)^2; \quad P' = P \left(\frac{n'}{n}\right)^3 \tag{6-6}$$

2. 管路特性曲线

当离心泵在配置一定的管路系统工作时，离心泵的性能参数 q_v 与 H 不仅与离心泵本身的性能有关，还与管路特性有关，即由离心泵的特性曲线方程和管路特性曲线方程共同决定，两曲线的交点即为离心泵在管路内的工作点。管路的特性曲线方程为：

$$H = A + B q_v^2 \tag{6-7}$$

$$A = \Delta z + \frac{\Delta p}{\rho g}$$

$$B = \frac{8\lambda(l + \Sigma l_e)}{\pi^2 g d^5}$$

式中，A 为管路两端的总势能差，m；Δz 为管路两端的垂直距离，m；Δp 为管路两端的压力差，Pa；B 为管路特性曲线系数，s^2/m^5；$l + \Sigma l_e$ 为管路的直管长度与局部阻力的当量长度之和，m；λ 为摩擦系数；d 为管路内径，m。

管路特性曲线方程反映了流体流经管路的流量与所需压头之间的关系。

3. 离心泵特性曲线与管路特性曲线的绘制

在确定的管路中,如果保持离心泵转速不变(即离心泵的特性曲线不变),改变出口阀门的开度后,管路的特性曲线也随之改变,所产生的一系列工作点的连线即为离心泵的特性曲线。

同理,如果固定管路中阀门的开度不变(即管路的特性曲线不变),改变离心泵的转速后,离心泵的特性曲线也随之改变,所产生的一系列工作点的连线即为管路的特性曲线。

【实验装置】

1. 流程图

本实验使用流体力学综合实验装置,该装置可以进行离心泵特性曲线方程测定、孔板流量计流量系数测定实验、单相流体流动阻力测定实验等,该装置流程图如图 6-1 所示。

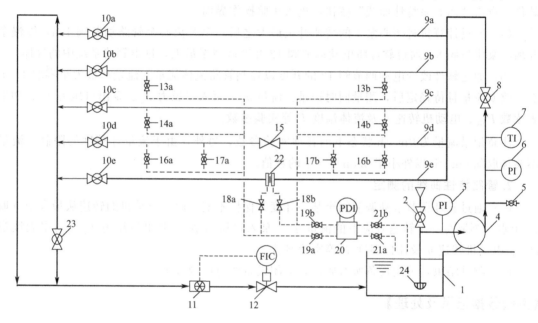

图 6-1 流体综合实验装置流程图

1—水箱;2—灌泵阀;3—泵入口压力传感器;4—离心泵;5—排气阀;6—泵出口压力传感器与压力表;7—温度计;8—离心泵出口阀;9a—离心泵实验管路;9b—光滑管路;9c—粗糙管路;9d—局部阻力管路;9e—孔板流量计管路;10a—离心泵实验管路切断阀;10b—光滑管路切断阀;10c—粗糙管路切断阀;10d—局部阻力管路切断阀;10e—孔板流量计管路切断阀;11—涡轮流量计;12—电动调节阀;13a、13b—光滑管取压阀;14a、14b—粗糙管取压阀;15—局部阻力阀;16a、16b—局部阻力远端取压阀;17a、17b—局部阻力近端取压阀;18a、18b—孔板流量计取压阀;19a、19b—差压变送器取压阀;20—差压变送器;21a、21b—差压变送器排气阀;22—孔板流量计;23—排净阀;24—底阀

2. 主要设备及仪表规格

(1) 涡轮流量计型号:LWGY-20,测量范围:$0.8 \sim 8 m^3/h$。

(2) 离心泵型号:MS60/0.55SSC,额定流量:$3.6 m^3/h$,额定扬程:19.5m,额定转速:2850r/min。电动机380VAC,额定功率:0.55kW,电动机额定效率:0.755。

(3) 功率表型号:GPW201-V3-A3-F1-P2-O3,精度0.5%。

(4) 离心泵入口与出口测压点的高度差,$z_2 - z_1 = 0.25m$。

(5) 离心泵入口管规格:38mm×3mm,出口管规格为32mm×3mm。

(6) 离心泵入口压力变送器：型号：CJT，测量范围：-100~20kPa，准确度：0.1级。

(7) 离心泵出口压力变送器：型号：CJT，测量范围 0~0.4MPa，准确度：0.1级。

(8) 温度表：铂电阻，WZP-270，测量范围 0~100℃，精度 B 级。

(9) 电动调节阀：型号：QSTP-16K，流量系数 K_v：6。

离心泵特性曲线测定实验——实验操作

【实验步骤】

1. 离心泵特性曲线的测定

(1) 确认水箱 1 的水位为水箱高度的 2/3，装置中所有阀门处于关闭状态。

(2) 打开灌泵阀 2 和排气阀 5，向漏斗内注水，当漏斗内出现液位后，关闭灌泵阀 2 和排气阀 5。

(3) 打开电源总开关、仪表电源开关及水泵电源开关。打开计算机并运行综合流体实验软件，点击"离心泵特性曲线"按钮，进入实验操作界面。

(4) 通过计算机将离心泵 4 的转速升至最大之后，全开离心泵管路切断阀 10a，缓慢全开离心泵出口阀 8，通过软件将电动调节阀 12 开度调节至最大，排出管路系统中的气体。

(5) 通过软件改变电动调节阀 12 的开度以控制管路流体流量，流量从最大至零取 15 个点。改变流量且待稳定后，测量同时记录：流量 q_V、泵入口压力 p_1、泵出口压力 p_2、功率表读数 $P_电$、电动机转速 n 及流体温度 T 等实验参数。

注意记录流量为 $0\text{m}^3/\text{h}$ 状态下的各项实验参数，另外，由于流量计精度的限制，流量不要选取除 $0\text{m}^3/\text{h}$ 以外小于 $0.8\text{m}^3/\text{h}$ 下的数值。

2. 管路特性曲线的测定

(1) 通过软件调节电动调节阀至某一开度并保持不变，改变电动机的转速从最大至 0 取 10 个点，测取每一个转速对应下的流量 q_V、泵入口压力 p_1、泵出口压力 p_2、功率表读数 $P_电$、电动机转速 n 及流体温度 T 等实验参数。

(2) 测试结束，关闭设备所有阀门，关闭设备所有电源开关。

【实验数据记录及处理】

1. 实验数据记录

原始数据记录表格见表 6-1 和表 6-2。

表 6-1　离心泵特性曲线实验数据记录表

装置编号：_____					
泵入口与出口测压点高度差：_____m　泵入口管道内径：_____mm　泵出口管道内径：_____mm					
离心泵型号：_____　电动机型号：_____					
额定流量：_____m^3/h　额定扬程：_____m　额定功率：_____W　额定效率：_____%					
序号	流量 q_V /(m³/h)	泵入口压力 p_1 /kPa	泵出口压力 p_2 /kPa	电动机功率 $P_电$ /W	电动机转速 n /RPM	水温 T /℃
1						
2						
3						
…						

表 6-2 管路特性曲线实验数据记录表

装置编号：_____
泵入口与出口测压点高度差：_____ m　　泵入口管道内径：_____ mm　　泵出口管道内径：_____ mm
电动调节阀门开度：_____

序号	流量 q_v/(m³/h)	泵入口压力 p_1/kPa	泵出口压力 p_2/kPa	水温 T/℃
1				
2				
3				
...				

2. 实验数据处理

根据表 6-1 的实验数据计算各流量 q_v 下对应的压头 H、轴功率 P 和效率，并利用离心泵比例定律将以上数据校正至额定转速 n' 下的流量 q_v'、压头 H'、轴功率 P'，并将数据处理结果填入表 6-3。

表 6-3 离心泵特性曲线实验数据处理表

离心泵型号：_____　　离心泵转速 n'：_____ r/min

序号	流量 q_v/(m³/h)	压头 H/m	轴功率 P/W	效率 η/%
1				
2				
3				
...				

根据表 6-2 的实验数据计算不同流量 q_v 下对应的压头 H，并将数据处理结果填入表 6-4。

表 6-4 管路特性曲线实验数据处理表

序号	流量 q_v/(m³/h)	q_v^2/(m⁶/s²)	压头 H/m
1			
2			
3			
...			

3. 实验报告要求

（1）将原始数据及计算结果填入数据记录表和数据处理表中，并以一组数据为例写出计算的详细过程。

（2）水的密度及黏度可以通过物性手册查取，也可利用以下公式进行计算。

水的密度：
$$\rho = -0.003589285 t^2 - 0.0872501 t + 1001.44 \text{ (kg/m}^3\text{)} \quad (6\text{-}8)$$

水的黏度：

$$\mu = 1.198 \times 10^{-6} \exp\left(\frac{1972.53}{273.15+t}\right) (\text{Pa} \cdot \text{s}) \qquad (6\text{-}9)$$

式中，t 为温度，℃。

(3) 绘制额定转速下的离心泵特性曲线图，该图同时包含 $q_v \sim H$ 曲线、$q_v \sim P$ 曲线、$q_v \sim \eta$ 曲线，并在图中注明离心泵的型号和转速。

(4) 分析实验结果，在离心泵特性曲线图中标绘出适宜操作区。

(5) 在离心泵特性曲线图中绘制管路特性曲线，并求出管路特性曲线系数 B。

(6) 对实验结果进行分析讨论。

【思考题】

(1) 简述离心泵启动的步骤。

(2) 启动离心泵前为什么要引水灌泵？

(3) 离心泵流量的调节方法有哪些？各自的特点是什么？

(4) 随着出口阀门开度的增大，离心泵前和离心泵后的压力表的读数如何变化，原因是什么？

(5) 在离心泵启动后不打开出口阀，压力表的读数是否会上升？为什么？

(6) 可否将离心泵的流量调节阀安装在吸入管路上？为什么？

(7) 为什么要在离心泵吸入管的底端安装底阀？

(8) 离心泵的工作点是如何确定的？离心泵在工作时的流量、压头、功率与效率是否一定与铭牌上的数值一样，为什么？

(9) 当管路流量为零时，离心泵的功率是否为零？功率应随流量如何变化？

(10) 离心泵的 $q_v \sim H$ 曲线与管路特性曲线有何不同？本实验测出的管路特性曲线的截距是多少，为什么？

(11) 若阀门开度发生变化，其管路特性曲线如何变化？

(12) 若将输送液体改为密度为 1200kg/m³ 的盐水，离心泵的特性曲线是否发生变化？在本装置中且流量相同的情况下，与输送清水相比，输送盐水时离心泵的出口压力会如何变化？轴功率如何变化？

6.2 孔板流量计流量系数测定实验

【实验目的】

1. 熟悉孔板流量计的构造及应用。
2. 学习流量计的标定方法。
3. 测定孔板流量计的流量系数与雷诺数的关系。

孔板流量计流量系数测定实验——实验理论

【实验原理】

孔板流量计以其结构简单、安装方便、工作可靠、价格便宜等特点已经成为在化工行业中应用最广泛的流量测量装置。孔板流量计是基于流体流动的节流原理，即利用流体通过孔板时产生的压力差来实现流量测量的仪表。如图 6-2 所示，流体通过孔板的锐孔后，由于惯性的作用，流束截面不断缩小，流体流速随之增大、静压力减小。当流体至流束截面 2 时，流体的流速最大，静压力最小，流束截面 2 处的流束截面称为缩脉。流体经过缩脉后，流动截面开始逐渐扩大至整个管道截面。

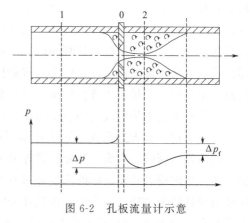

图 6-2 孔板流量计示意

若不考虑流体通过孔板的阻力损失，对图 6-2 水平管路的截面 1 与截面 2 之间列伯努利方程，则

$$\frac{p_1-p_2}{\rho}=\frac{u_2^2-u_1^2}{2} \tag{6-10}$$

根据不可压缩流体的连续性方程可得：

$$u_1=u_2(d_2/d_1)^2 \tag{6-11}$$

经整理后可得到流体在截面 2 处的流速：

$$u_2=\frac{1}{\sqrt{1-(d_2/d_1)^4}}\sqrt{\frac{2(p_1-p_2)}{\rho}} \tag{6-12}$$

由于缩脉的位置及其直径 d_2 的大小都无法确定，所以用孔口直径 d_0 代替 d_2，孔口流速 u_0 代替 u_2，以孔板前后测压口的压差 Δp 代替 (p_1-p_2)，再考虑实际流体通过孔板时的机械能损失，并令 $\beta=d_0/d_1$，则孔口流速 u_0 为：

$$u_0=\frac{C}{\sqrt{1-\beta^4}}\sqrt{\frac{2\Delta p}{\rho}} \tag{6-13}$$

式中，C 为流出系数，量纲为 1；ρ 为流体密度，kg/m³。

若令流量系数 C_0 为：

$$C_0=\frac{C}{\sqrt{1-\beta^4}} \tag{6-14}$$

则流体流量 q_v 为：

$$q_v=C_0 A_0 \sqrt{\frac{2\Delta p}{\rho}} \tag{6-15}$$

式 (6-15) 中，锐孔面积 $A_0=\frac{\pi}{4}d_0^2$。

流量系数 C_0 与孔板的结构、取压方式、直径比 β、雷诺数 Re 以及管壁粗糙度有关。其中 Re 为流体在管道内的雷诺数，即：

$$Re=\frac{\rho d_1 u_1}{\mu}=\frac{4\rho q_v}{\pi d_1 \mu} \tag{6-16}$$

式中，q_v 为流体在管道中的体积流量，m³/s。

经过 100 多年的发展，孔板流量计在设计、加工、安装和使用上已实现标准化。在严格按照标准安装和使用前提下，孔板流量计不需要校准就可以根据标准规定的方法进行测量，

第 6 章 化工原理基本实验

但是若孔板的结构参数、安装条件等未符合标准或长时间使用致使孔板磨损，则需要利用实验的方法进行校准。流量计的校准方法有容积法、质量法、标准流量计比较法等三种方法。容积法和质量法是计量在测量时间内流入检测容器的体积或质量进而求取通过被校流量计实际流量的方法。标准流量计比较法是将被校流量计和标准流量计串联在试验管道上，通过比较两种流量计的测量值来进行校准，其中标准流量计的精度要比被校流量计的精度高2~3倍。本实验是利用精度较高的涡轮流量计作为标准流量计来校准串联在同一管路中的孔板流量计，并通过实验求出孔板流量计的 Re 与流量系数 C_0 的关系。

流体经过阀门、弯头以及变径管等流道急剧变化的管段时会发生边界层分离现象，边界层分离产生的旋涡致使流体的速度分布发生改变，这种改变会使流量计产生测量误差。为了保证流量计测量的精度，应该将流量计安装在速度分布稳定的充分发展段上，一般要求孔板上游要有大于10倍管径长度的直管段，下游需要大于5倍管径长度的直管段。

【实验装置】

1. 流程图

本实验使用流体力学综合实验装置，流程图见图6-1。

2. 主要设备及仪表规格

(1) 涡轮流量计型号：LWGY-20，测量范围：$0.8 \sim 8 m^3/h$。

(2) 离心泵型号：MS60/0.55SSC，额定流量：$3.6 m^3/h$，额定扬程：19.5m。

(3) 孔板流量计：法兰取压，锐孔直径：21.019mm。

(4) 压力变送器：型号：CJT，测量范围 0~15kPa，准确度：0.1级。

(5) 被测管路规格：$\Phi 32mm \times 3mm$；材质：不锈钢。

孔板流量计流量
系数测定实验——
实验操作

【实验步骤】

(1) 确认水箱1的水位为水箱高度的2/3，装置中所有阀门处于关闭状态。

(2) 按实验6.1中的方法对离心泵4进行灌泵操作。

(3) 打开电源总开关、仪表电源开关及水泵电源开关。打开计算机并运行综合流体实验软件，点击"孔板流量计校正"按钮，进入实验操作界面。

(4) 通过软件操作界面将离心泵的转速调至最大，将电动调节阀12的开度调节至最大。打开离心泵出口阀8，打开孔板流量计管路切断阀10e，排出管路系统中的空气。

(5) 打开孔板流量计取压阀18a、18b，打开差压变送器取压阀19a、19b及差压变送器排气阀21a、21b，直至差压变送器排气阀21a、21b出口水流中不含气泡为止，关闭差压变送器排气阀21a、21b，导压管路排气过程结束。

(6) 由大至小调节电动调节阀12开度，同时记录下涡轮流量计11、温度计7及差压变送器20的读数。由于孔板流量计22的 C_0 在小 Re 数下变化较大，因此在小流量下可多布置实验点。

(7) 测试结束，关闭设备所有阀门，关闭设备所有电源开关。

【实验数据记录及处理】

1. 实验数据记录与数据处理

将原始数据及计算结果填入表6-5。

表 6-5 孔板流量计流量系数测定实验数据记录与数据处理表

装置编号：_____ 管道内径：_____ mm 锐孔直径：_____ mm
锐孔直径与管道直径之比 β：_____

序号	体积流量 $q_v/(m^3/h)$	压差 $\Delta p/kPa$	水温 $T/℃$	Re	流量系数 C_0
1					
2					
3					
...					

2. 实验报告要求

（1）将原始数据及计算结果填入数据记录与数据处理表中，并以一组数据为例写出计算的详细过程。

（2）在单对数坐标系中绘制 $\lambda \sim Re$，并求出临界 Re 和流量系数 C_0。

（3）对实验结果进行分析讨论。

【思考题】

（1）简述孔板流量计的测量原理及优缺点。
（2）孔板流量计在安装时对管路有何要求？
（3）孔板流量计的流量系数 C_0 与哪些因素有关？
（4）为什么本实验中可以用涡轮流量计标定孔板流量计？
（5）流量系数 C_0 与 Re 的关系曲线应绘制在什么样的坐标系中？
（6）实验操作中如何排出管路中的气体？

6.3 单相流体流动阻力测定实验

【实验目的】

1. 学习流体流经管道时直管阻力损失和局部阻力损失的测定方法，掌握流体流动时能量损失的变化规律。

2. 测定流体在光滑直圆管内作湍流流动时的摩擦系数 λ 与雷诺数 Re 之间的关系，并验证 Blasius 方程。

3. 测定流体在粗糙直圆管内作湍流流动时摩擦系数 λ 与雷诺数 Re 之间的关系，并与光滑管 λ 与 Re 的关系相比较，从而确定相对粗糙度 ε/d 对摩擦系数 λ 的影响。

4. 测定流体流经管路阀门时的局部阻力系数 ζ。

5. 掌握坐标系的选用方法和双对数坐标系的使用方法。

【实验原理】

化工管路系统由直管、管件以及阀门等组成。实际流体在管路内流动时，由于流体本身具有黏性产生的内摩擦力、流体作湍流时产生的湍流切应

单相流体流动阻力测定实验——实验理论

力、流动方向和流道截面改变造成边界层分离所产生的形体阻力都会使机械能下降，这部分损失的机械能称为阻力损失。一般把流体流经管路的阻力损失分为直管阻力和局部阻力，直管阻力是流体流经等径直管时的阻力损失（或称为沿程阻力），局部阻力是流体流经管件、阀门及管截面的突然扩大或缩小等局部地方的阻力损失。

1. 圆形直管阻力摩擦系数 λ 的测定

在水平等径管道的两个测压点之间列机械能衡算式可得：

$$\rho z_1 + \frac{\rho u_1^2}{2} + p_1 = \rho z_2 + \frac{\rho u_2^2}{2} + p_2 + \Delta p_f \tag{6-17}$$

由于 $z_1 = z_2 = 0$，$d_1 = d_2 = d$，根据连续性方程可得：$u_1 = u_2 = u$，则

$$\Delta p_f = p_1 - p_2 \tag{6-18}$$

由式（6-18）可知，流体在该管路中的阻力损失引起流体压力的降低，即流体的内摩擦力作用消耗了流体的静压能。式（6-18）结合 Fanning 公式

$$\Delta p_f = \lambda \frac{l}{d} \frac{\rho u^2}{2} \tag{6-19}$$

可得出摩擦系数 λ 的求取公式：

$$\lambda = \frac{2d(p_1 - p_2)}{l \rho u^2} \tag{6-20}$$

式中，d 为管路内径，m；$p_1 - p_2$ 为两测压点之间的压力差，Pa；l 为两测压点之间的距离，m；u 为管内流体流速，m/s；ρ 为流体密度，m³/s；μ 为流体黏度，Pa·s。

因为在本实验中管路的长度和内径都已确定，且水的密度和黏度也一定，所以根据式（6-20），实验测定直管段两测压点之间的压差（$p_1 - p_2$）和流速 u 便可求出对应的摩擦系数 λ。

影响流体在圆形直管中流动阻力的因素为流体的物性、流场的几何尺寸以及流动的型态，即：

$$\Delta p_f = f(d, l, u, \rho, \mu, \varepsilon) \tag{6-21}$$

通过量纲分析可知，式（6-21）可以转换为以量纲为 1 的数群为变量的表达式，即：

$$\frac{\Delta p_f}{\rho u^2} = K \left(\frac{l}{d}\right)^a \left(\frac{\rho d u}{\mu}\right)^b \left(\frac{\varepsilon}{d}\right)^c \tag{6-22}$$

式（6-22）与式（6-20）比较可得：

$$\Delta p_f = \varphi\left(\frac{\rho d u}{\mu}, \frac{\varepsilon}{d}\right) \frac{l}{d} \frac{\rho u^2}{2} \tag{6-23}$$

$$\lambda = \varphi\left(\frac{\rho d u}{\mu}, \frac{\varepsilon}{d}\right) = \varphi\left(Re, \frac{\varepsilon}{d}\right) \tag{6-24}$$

即摩擦系数 λ 是雷诺数 Re 和相对粗糙度 ε/d 的函数，式（6-24）的表达形式需要通过

实验确定。对于确定的管道，相对粗糙度 ε/d 一定，摩擦系数 λ 仅是 Re 的函数，即 $\lambda = \varphi(Re)$，通过实验可以获得若干组 Re 与 λ 数据，并将这些数据描绘在双对数坐标系内，从而得到一条该相对粗糙度 ε/d 下 Re 与 λ 的关系曲线。

若流体在光滑管中作湍流流动，雷诺数 Re 在 $3\times10^3 \sim 10^5$ 范围内时，摩擦系数 λ 与雷诺数 Re 的关系遵循柏拉修斯（Blasius）公式，即：

$$\lambda = \frac{0.3164}{Re^{0.25}} \tag{6-25}$$

若流体在粗糙管内做湍流流动时，摩擦系数 λ 与雷诺数 Re 的关系遵循考莱布鲁克（C. F. Colebrook）公式，即：

$$\frac{1}{\sqrt{\lambda}} = -2\lg\left(\frac{\varepsilon/d}{3.71} + \frac{2.51}{Re\sqrt{\lambda}}\right) \tag{6-26}$$

2. 局部阻力系数的测定

流体流经管件、阀门等管路的局部位置时所产生的机械能损失通常可以利用局部阻力系数法和当量长度法进行计算。若将流体阻力损失表示为流体在管道内流动时动能的某一个倍数，则该方法称为阻力系数法，即：

$$\Delta p_f' = \zeta \frac{\rho u^2}{2} \tag{6-27}$$

$$\zeta = \frac{2\Delta p_f'}{\rho u^2} \tag{6-28}$$

式中，ζ 为局部阻力系数，量纲为 1；$\Delta p_f'$ 为局部阻力损失，Pa。

如图 6-3 所示，根据机械能衡算式可知流体通过阀门或管件的阻力损失 $\Delta p_f'$ 等于阀门前后的压力降，但是由于阀门或管件附近流体速度分布处于不稳定状态，所以紧靠阀门或管件处测取的压力差不能正确反映阻力损失 $\Delta p_f'$ 的大小，为此可利用四点测压法测定阻力损失 $\Delta p_f'$ 的大小。如图 6-3 所示，四点测压法是在等径直管中阀门的上下游两侧各开 2 个测压口，4 个测压口之间的距离符合以下规则，即：$l_{ab}=l_{bc}$，$l_{c'b'}=l_{b'a'}$。

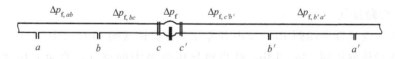

图 6-3 局部阻力测量取压口布置

根据 Fanning 公式有：$\Delta p_{f,ab} = \Delta p_{f,bc}$，$\Delta p_{f,c'b'} = \Delta p_{f,b'a'}$

在 $a \sim a'$ 之间列机械能衡算式，得：

$$p_a - p_{a'} = \Delta p_{f,ab} + \Delta p_{f,bc} + \Delta p_f' + \Delta p_{f,c'b'} + \Delta p_{f,b'a'} = 2\Delta p_{f,ab} + 2\Delta p_{f,bc} + \Delta p_f' \tag{6-29}$$

在 $b \sim b'$ 之间列机械能衡算式，得：

$$p_b - p_{b'} = \Delta p_{f,bc} + \Delta p_f' + \Delta p_{f,c'b'} = \Delta p_{f,ab} + \Delta p_{f,bc} + \Delta p_f' \tag{6-30}$$

联立式（6-29）和式（6-30）可得：

$$\Delta p'_f = 2(p_b - p_{b'}) - (p_a - p_{a'}) \tag{6-31}$$

为实验方便，通常称 $p_b - p_{b'}$ 为近端压差 $\Delta p_近$，$p_a - p_{a'}$ 为远端压差 $\Delta p_远$。

【实验装置】

1. 流程图

本实验使用流体力学综合实验装置，流程图见图 6-1。

2. 主要设备及仪表规格

(1) 被测直管规格：

光滑管道规格：27mm×3mm，被测段管长 $L=1.00$m，材料：不锈钢。

粗糙管道规格：27mm×3mm，被测段管长 $L=1.00$m，材料：镀锌钢管。

局部阻力管道规格：27mm×3mm，每段直管长 $L=0.40$m，材料：不锈钢。阻力元件：铜闸阀 DN20。

(2) 涡轮流量计型号：LWGY-20，测量范围：$0.8 \sim 8\text{m}^3/\text{h}$。

(3) 压力变送器型号：CJT；差压范围：$0 \sim 15$kPa；准确度：0.1 级。

(4) 离心泵型号：MS60/0.55；额定流量：$3.6\text{m}^3/\text{h}$；额定扬程：19.5m；额定功率：0.55kW；额定效率：0.755。

(5) 温度表：铂电阻，WZP-270，测量范围 $0 \sim 100$℃　精度 B 级。

(6) 电动调节阀型号：QSTP-16K，流量系数 K_v：6。

【实验步骤】

单相流体流动阻力
测定实验——实验
操作

(1) 确认水箱 1 的水位为水箱高度的 2/3，装置中所有阀门处于关闭状态。

(2) 按实验 6.1 中的方法对离心泵 4 进行灌泵操作。

(3) 打开电源总开关、仪表电源开关及水泵电源开关。打开计算机并运行综合流体实验软件，点击"阻力实验"按钮，进入实验操作界面。

(4) 将离心泵 4 的转速调至最大，将电动调节阀 12 开度调节至最大。打开离心泵出口阀 8、全开光滑管路切断阀 10b、粗糙管路切断阀 10c、局部阻力管路切断阀 10d 和局部阻力阀 15，排出管路系统中的空气。

(5) 导压管路排气

① 打开差压变送器取压阀 19a、19b 和差压变送器排气阀 21a、21b。

② 打开光滑管取压阀 13a、13b，排出该导压管路中的空气，直至差压变送器排气阀 21a、21b 中流出的水中无气泡为止，关闭光滑管取压阀 13a、13b。

③ 利用类似方法排出粗糙管和局部阻力管路中的气体。

④ 在排气结束后，关闭差压变送器排气阀 21a、21b，导压系统排气过程结束。

⑤ 关闭全开光滑管路切断阀 10b、粗糙管路切断阀 10c、局部阻力管路切断阀 10d。

(6) 全开光滑管路切断阀 10b 以及光滑管取压阀 13a、13b，点击"软件操作界面的光滑管按钮"进入光滑管测量状态。调节电动调节阀 12 开度，使两测压点之间的压差（$p_1 - p_2$）接近差压变送器的上限值，并记录对应的流量 q_v 与压差 $p_1 - p_2$，之后不断减小管道中水的流量，并记录压差 $p_1 - p_2$，直至管道中水的流量为流量计所能保证精度的最小值。

测量完毕后,关闭光滑管切断阀 10b 以及光滑管取压阀 13a、13b。

由于小流量下(小于量程的 1/3 时)流量计及压差计的测量结果存在着一定的误差,为了保证实验精度,根据数理统计的随机误差理论,应对小流量下的数据进行多次测量。

(7) 利用类似(6)中所述方法,测量粗糙管中水的流量 q_v 与压差 p_1-p_2 的关系。

(8) 全开局部阻力管路切断阀 10d,将局部阻力管路中的局部阻力阀 15 调至一定开度(例如:全开)。打开局部阻力远端取压阀 16a、16b,调节电动调节阀 12 开度,使远端压差 $\Delta p_{远}$ 接近差压变送器测量范围的上限值,并记录对应的流量 q_v 与远端压差 $\Delta p_{远}$,关闭局部阻力远端取压阀 16a、16b,打开局部阻力近端取压阀 17a、17b,测量近端压差 $\Delta p_{近}$,记录数据后再关闭局部阻力近端取压阀 17a、17b。之后依次改变流量 q_v、测量远端压差 $\Delta p_{远}$ 和近端压差 $\Delta p_{近}$,直至管道中水的流量为流量计测量范围的下限值。

(9) 测试结束,关闭设备所有阀门,关闭设备所有电源开关。

【实验数据记录及处理】

1. 实验数据记录与数据处理表格

(1) 将光滑管摩擦系数测定实验的原始数据及数据处理结果填入表 6-6。

表 6-6 光滑管摩擦系数测定实验数据记录与数据处理表

装置编号:_____
管道内径:_____ m 管道长度:_____ m 管道材质:_____

序号	体积流量 $q_v/(m^3/h)$	直管压差 $\Delta p_f/kPa$	温度 $T/℃$	Re	摩擦系数 λ	摩擦系数计算值 $\lambda_{计}$	相对误差 $|\lambda-\lambda_{计}|/\lambda_{计}$
1							
2							
3							
...							

(2) 将粗糙管摩擦系数测定实验的原始数据及数据处理结果填入表 6-7。

表 6-7 粗糙管摩擦系数测定实验数据记录与数据处理表

装置编号:_____
管道内径:_____ m 管道长度:_____ m 管道材质:_____

序号	体积流量 $q_v/(m^3/h)$	直管压差 $\Delta p_f/kPa$	流体温度 $T/℃$	Re	摩擦系数 λ	相对粗糙度 ε/d
1						
2						
3						
...						

(3) 将局部阻力系数测定实验的原始数据及数据处理结果填入表 6-8。

表 6-8　局部阻力系数测定实验数据记录与数据处理表

装置编号：_____
局部阻力元件：_____　　管道内径：_____ mm

序号	体积流量 $q_V/(m^3/h)$	远端压差 $\Delta p_{远}/kPa$	近端压差 $\Delta p_{近}/kPa$	水温 $T/℃$	阻力损失 $\Delta p_f/kPa$	动能 $\rho u^2/2/kPa$	阻力系数 ζ
1							
2							
3							
…							

2. 实验报告要求

（1）将原始数据及计算结果填入数据记录与数据处理表中，并以一组数据为例写出计算的详细过程。

（2）在适合的坐标系中标绘光滑管及粗糙管的 $\lambda \sim Re$ 曲线，并说明相对粗糙度 ε/d 和雷诺数 Re 对摩擦系数 λ 的影响。

（3）将光滑管的实验结果与柏拉修斯公式的计算结果相比较，并计算其误差，分析产生误差的原因。

（4）将粗糙管的实验结果与 Moody 图相比较，尝试估算粗糙管的相对粗糙度。

（5）根据局部阻力实验结果，绘制动能 $\rho u^2/2$ 与阻力损失 Δp_f 的关系图，求出实验管路中闸阀的局部阻力系数。

（6）对实验结果进行分析与讨论。

【思考题】

（1）Moody 图中分几个区域，在这些区域内 λ 随 Re 如何变化？

（2）本实验中测定局部阻力的原理是什么？

（3）以水作为介质所测定的 λ-Re 关系能否适用于其他流体？如何应用。

（4）在不同设备（相对粗糙度相同，不同管径）上，不同水温下测定的 λ-Re 数据能否绘制在一条曲线上？

（5）为什么在进行测试之前要对系统进行排气？如何操作？如何检查系统排气排净与否？

（6）为什么要将实验数据标绘在双对数坐标纸中？

（7）如图所示，测定管路阻力时，若管路没有放水平，此时测定的数据有效吗？

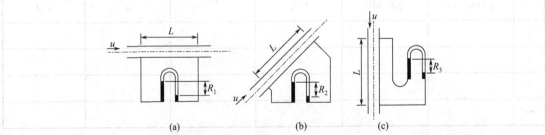

（8）本实验中使用了装置中的哪些测量仪表？测定了哪些参数？操作步骤是什么？

6.4 过滤常数测定实验

【实验目的】

1. 了解板框压滤机的构造、过滤工艺流程和操作方法。
2. 掌握恒压过滤常数 K、q_e、θ_e 的测定方法,加深对 K、q_e、θ_e 的概念和影响因素的理解。
3. 学习滤饼的压缩性指数 s 和物料常数 k 的测定方法。
4. 了解操作条件对过滤速率的影响。
5. 验证洗涤速率和过滤终了速率的关系。

【实验原理】

过滤是以某种多孔物质为介质,含有固体颗粒的悬浮液在外力的作用下,使悬浮液中的液体通过介质的孔道,而固体颗粒被截留在介质上,从而实现固、液分离的操作。过滤操作采用的多孔物质称为过滤介质,所处理的悬浮液称为滤浆或料浆,通过多孔孔道的液体称为滤液,被截留的固体物质称为滤饼或滤渣。恒压过滤和恒速过滤是两种典型的操作方式。

过滤常数测定实验
——实验理论

1. 恒压过滤常数 K、q_e、θ_e 的测定

在过滤过程中,由于固体颗粒不断地被截留在介质表面上,滤饼厚度增加,液体流过固体颗粒之间的孔道加长,而使流体流动阻力增加。故恒压过滤时,过滤速率逐渐下降。随着过滤进行,若得到相同的滤液量,则过滤时间增加。

恒压过滤方程:

$$(V+V_e)^2 = KA^2(\theta+\theta_e) \tag{6-32}$$

式中,V 为获得的滤液体积,m^3;V_e 为过滤介质的当量滤液体积,m^3;K 为过滤常数,m^2/s;A 为过滤面积,m^2;θ 为过滤时间,s;θ_e 为过滤介质的当量过滤时间,s。

恒压过滤时,$V_e^2 = KA^2\theta_e$,恒压过滤方程还可以表示为:

$$V^2 + 2V_eV = KA^2\theta \tag{6-33}$$

整理后可得:

$$\theta = \frac{1}{KA^2}V^2 + \frac{2V_e}{KA^2}V \tag{6-34}$$

此式形式与 $y = ax^2 + bx$ 相同,为一元二次函数;二次项系数为 $1/(KA^2)$,一次项系数为 $2V_e/(KA^2)$。

在过滤面积 A 上对待测的悬浮料浆进行恒压过滤实验,测出一系列时刻 θ 下的累计滤液量 V。利用 excel 或 origin 软件,对所测 θ 与 V 数据在直角坐标系中进行作图,并进行数据回归拟合,可得上述一元二次函数方程。由一元二次方程的二次项系数和一次项系数便可求得 K 与 V_e,由 $q_e = V_e/A$ 可得 q_e,再用式 $V_e^2 = KA^2\theta_e$ 求出 θ_e 之值。这样得到的 K、q_e、θ_e 便是此种悬浮料浆在特定的过滤介质及压力差条件下的过滤常数。

或利用恒压过滤方程的微分式:

$$\frac{d\theta}{dq} = \frac{2}{K}q + \frac{2}{K}q_e \tag{6-35}$$

这是一个直线方程式，于直角坐标系上标绘 $\frac{d\theta}{dq}$-q 的关系，可得直线。其斜率为 $\frac{2}{K}$，截距为 $\frac{2}{K}q_e$，从而求出 K、q_e 及 θ_e。

为便于根据测定的数据计算过滤常数，上式 $\frac{d\theta}{dq}$ 可用增量之比 $\frac{\Delta\theta}{\Delta q}$ 来代替。

2. 滤饼压缩性指数 s 的测定

根据过滤常数的定义式：

$$K = 2k\Delta p^{1-s} \tag{6-36}$$

式中，k 为过滤的物性常数，$m^4/(N \cdot s)$；s 为滤饼的压缩性指数；Δp 为过滤推动力，Pa。

上式两边取对数，得：

$$\lg K = (1-s)\lg\Delta p + \lg(2k) \tag{6-37}$$

因 $k = \frac{1}{\mu r'\nu} =$ 常数，故 K 与 Δp 的关系在对数坐标系上标绘时应是一条直线，直线的斜率为 $1-s$，由此可得滤饼的压缩性指数 s，然后由直线的截距可得物料特性常数 k。

3. 最终过滤速率

$$\left(\frac{dV}{d\theta}\right)_E = \frac{KA^2}{2(V+V_e)} \tag{6-38}$$

$$V_e = Aq_e$$

式中，V 为 θ 时间内获得的滤液体积，m^3；V_e 为当量滤液体积，m^3；A 为过滤面积，m^2。

4. 洗涤速率

$$\left(\frac{dV}{d\theta}\right)_W = \frac{V_W}{\theta_W} \tag{6-39}$$

式中，V_W 为洗涤体积，m^3；θ_W 为洗涤时间，s。

对板框过滤机

$$\left(\frac{dV}{d\theta}\right)_W = \frac{1}{4}\left(\frac{dV}{d\theta}\right)_E \tag{6-40}$$

5. 滤浆浓度的测定

取一定量的滤饼，并测出其含水量及干固体物料的量，根据总的滤饼的体积和总的滤液量，即可求得滤浆的原始浓度。

【实验装置】

1. 设备参数

板框压滤机的结构尺寸：框厚度 20mm，板框有效过滤直径 17cm，框数 2 个。

空气压缩机规格型号：公称风量 40L/min，额定排气压力 0.7MPa。

配料罐：直径 25cm。

2. 流程图（图 6-4）

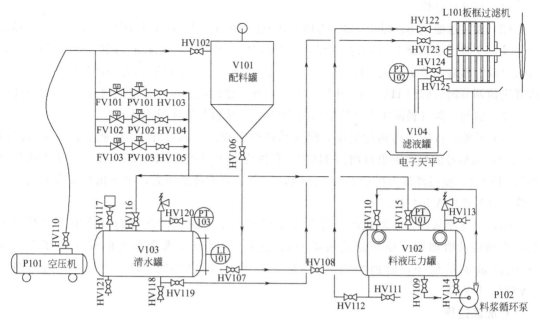

图 6-4　过滤实验装置流程示意图

【实验步骤】

1. 实验准备

过滤常数测定实验
——实验操作

（1）关闭所有阀门，打开装置电源。

（2）配料：配制约 15L 滤浆，浓度大约为 10%～20%（质量浓度）。计算并称量所需固体碳酸钙的用量，将称量好的固体碳酸钙在桶中加适量水搅拌，至不存在块状固体时，转移至配料罐 V101，再往配料罐中加水到一定刻度。**注意：避免将固体碳酸钙直接倒入配料罐 V101 配料，以免固体碳酸钙在水中结块，堵塞管道。**

（3）搅拌：接通空压机电源，开启空压机，打开空压机出口小球阀 HV101，微开阀门 HV102，将压缩空气通入配料罐，使 $CaCO_3$ 悬浮液搅拌均匀。搅拌时，将配料罐的顶盖合上，防止料浆飞溅。

（4）装板框：正确装好滤板、滤框及滤纸。滤纸使用前用水浸湿，滤纸紧贴滤板，且不遮住板框四周的圆孔。组装过滤机时，一定注意要按滤板和滤框上面标记的数字顺序进行排列摆放，即：过滤板-框-洗涤板-框-过滤板-框……，摆放时注意板框的正反面。然后，用螺旋压杆将板和框压紧。**注意：用螺旋压杆压紧时，千万不要把手指压伤，先慢慢转动手轮使板框合上，然后再压紧。**

（5）灌料：搅拌完成后，关闭阀门 HV102，分别打开料液压力罐 V102 放空阀门 HV113，配料罐底部阀门 HV106 和配料罐与料液压力罐间的进料阀门 HV108，使料浆由配料罐自流到料液压力罐。料液压力罐中有一定料位后，打开料浆循环泵 P102 进、出口阀门 HV109 和 HV110，启动料浆循环泵 P102，使容器内料浆不断扰动，防止沉淀。放料完毕，依次关闭阀门 HV106、HV108 和阀门 HV113。

2. 过滤过程

（1）打开计算机。

（2）设定过滤压力：以 100kPa 为例。在电脑端运行 MCGS 运行环境，实验类型选择过滤实验，实验通道选择 1，压力控制设定为 100kPa，选择电磁阀自动，同时选择时间记录方式为自动。然后调节定值调压阀 PV101 略高于 100kPa，打开料液压力罐进气阀门 HV115，微开定值调节阀后阀门 HV103，使压力平稳上升。建议过滤压力设定范围为：80～200kPa。

（3）鼓泡：微开料液压力罐放空阀门 HV113，使料浆处于鼓泡状态。

（4）过滤：待压力达到设定压力时开始进行实验。分别打开 V102 底部料液出口阀门 HV112，板框过滤机滤液出口阀门 HV124 和洗涤液出口阀门 HV125，缓缓打开滤液进口阀门 HV122，使过滤压力尽量平稳。此时，压力表指示过滤压力，滤液出口流出滤液，滤液收集到滤液罐 V104 中。

（5）以滤液从汇集管刚流出时作为开始时刻，在电脑 MCGS 运行环境中点击开始实验，自动记录增加相应质量滤液所需要的时间，待滤饼充满全部滤框后即可停止实验（此时滤液流量很小，但仍呈线状流出）。关闭阀门 HV112、HV122 和滤液出口阀门 HV124、HV125。

3. 洗涤过程

（1）灌清水：向清水罐 V103 中通入自来水，液位计液位高度达 2/3 左右。灌清水时，应将放空阀门 HV120 打开。

（2）关闭料液压力罐进压缩空气阀门 HV115，打开清水罐 V103 压缩空气进口阀门 HV116。MCGS 软件中选择洗涤实验，选择通道，设定洗涤压力，电磁阀状态记录方式，调压方法同过滤过程，维持洗涤压力与过滤压力相等。

（3）待清水罐压力稳定，打开清水罐下方洗涤液出口阀门 HV119 和板框过滤机上洗涤液出口阀门 HV125，缓缓打开板框过滤洗涤液进口阀门 HV123，保持压力稳定进行滤饼洗涤，记录相应洗涤液质量所需要的时间。

（4）洗涤完毕，依次关闭阀门 HV119、HV123 和阀门 HV125，旋开过滤机压紧螺杆，将板框打开，卸出滤饼，滤液及滤饼均收集在桶内，滤饼弄细后重新倒入配料罐，循环使用。

（5）清洗滤框、滤板、滤纸，整理板框。

4. 改变过滤压力，重复上述实验

5. 实验结束

（1）关闭空压机出口球阀，关闭空压机电源及装置电源。

（2）打开料液压力罐和清水罐的放空阀门 HV115、HV116，使压力罐和清水罐泄压。

（3）卸下板框进行清洗，清洗时滤纸不要折。

（4）放净料液压力罐内物料，用清水冲洗配料罐和料液压力罐，料液压力罐灌入清水后，开启料浆循环泵 P102 运转 10min，清洗机泵，并对相关管道、阀门进行清洗，以免剩余悬浮液沉淀，堵塞泵、管道和阀门等。**注意：只要料液压力罐 V102 有液位，就需保持料浆循环泵 P102 处于开启状态，防止泵和相关管道堵塞。**

【实验数据记录及处理】

1. 实验数据记录与数据处理

（1）过滤过程实验数据记录整理表，见表 6-9。

表 6-9　过滤过程实验数据记录整理表

实验装置编号：	过滤压差：	过滤面积：
滤浆名称：	滤浆温度：	滤浆浓度：

序号	θ/s	滤液质量/kg	V/m^3
1			
2			
3			
…			

$K/(m^2/s)$：
$q_e/(m^3/m^2)$：
θ_e/s：

（2）洗涤过程实验数据记录整理表，见表 6-10。

表 6-10　洗涤过程实验数据记录整理表

序号	洗涤压力/kPa	洗涤时间/s	洗涤体积/m^3	$\left(\dfrac{dV}{d\theta}\right)_W/(m^3/s)$	$\left(\dfrac{dV}{d\theta}\right)_E/(m^3/s)$
1					
2					
3					
…					
备注：					

（3）k、s 测定实验数据记录整理表，见表 6-11。

表 6-11　k、s 测定实验数据记录整理表

序号	1	2	3	…
$\Delta p/kPa$				
$K/(m^2/s)$				

$k/[m^4/(N \cdot s)]$：
s：

2. 实验报告要求

（1）将原始数据及计算结果填入数据记录整理表中，并以一组数据为例写出计算的详细过程。

（2）在直角坐标系中对 $\theta \sim V$ 进行作图，并进行数据回归拟合得到一元二次方程，算出过滤常数 K、q_e、θ_e 的值。

(3) 在对数坐标系中绘制出 $K \sim \Delta p$ 的关系图,求出 k 和 s 的值。
(4) 计算过滤速率与洗涤速率的关系。
(5) 对实验结果进行分析讨论。

【思考题】

(1) 过滤刚开始时,为什么滤液经常是浑浊的?
(2) 当操作压力增加一倍,其 K 值是否也增加一倍,要得到同样的滤液量时,其过滤时间是否缩短一半?影响过滤速率的主要因素有哪些?
(3) 实验数据中第一点有无偏低或偏高的现象?怎样解释?

6.5 对流传热系数测定实验

【实验目的】

1. 通过对空气与水蒸气在简单套管换热器内进行传热过程的实验研究,掌握空气在管内流动的对流传热系数的测定方法,加深对其概念和影响因素的理解。
2. 通过对内插螺旋线圈的强化套管换热器的实验研究,学习强化换热的理论与方法。
3. 学习利用线性回归分析方法,确定空气在普通圆管内进行对流换热时的关联式 $Nu_0 = ARe^m Pr^{0.4}$ 中常数 A、m 的值,以及空气在内插螺旋线圈的圆管内进行对流换热的关联式 $Nu' = A'Re^{m'} Pr^{0.4}$ 中参数 A'、m' 的值。
4. 根据计算出的 Nu、Nu' 求出强化换热的强化比,比较强化换热的效果。

【实验原理】

对流传热系数测定实验——实验理论

换热器是将两种及两种以上不同温度的流体实现热量传递的一种设备,其中间壁式换热器是工业中最常使用的一类换热器。冷热两种流体在间壁式换热器内进行热量交换的过程为:热量以对流换热方式从热流体传至热壁面,再以热传导的方式从热壁面传至冷壁面,最后以对流换热的方式从冷壁面传至冷流体。这三个串联的步骤中,决定流体与壁面之间对流换热热阻大小的主要因素是对流传热系数,如何提高对流传热系数是强化传热的关键。

本实验采用套管换热器来测定空气在强制对流条件下通过圆形直管时的对流传热系数。作为冷流体的空气在换热管内流动,作为热流体的水蒸气进入壳程,并在饱和温度下冷凝后排出。

1. 空气对流传热系数的测定

根据换热器总传热速率方程和热量衡算式,在系统处于稳态时有如下关系,即:

$$\phi = q_{mc} c_{pc} (T_{c2} - T_{c1}) = K_i A_i \Delta T_m \tag{6-41}$$

$$\Delta T_m = \frac{\Delta T_2 - \Delta T_1}{\ln(\Delta T_2 / \Delta T_1)} = \frac{T_{c1} - T_{c2}}{\ln \frac{T_h - T_{c2}}{T_h - T_{c1}}}, \Delta T_2 = T_h - T_{c2}, \Delta T_1 = T_h - T_{c1} \tag{6-42}$$

式中,ϕ 为传热速率,$W/(m^2 \cdot s)$;q_{mc} 为空气的质量流量,kg/s;c_{pc} 为空气的定压

热容，J/(kg·K)；K_i 为以换热管内表面积为基准的总传热系数，J/(m²·K)；A_i 为换热管的内表面积，m²；ΔT_m 为对数平均温度差，℃；T_h 为水蒸气的温度，℃；T_{c1}、T_{c2} 为空气的进、出口温度，℃。

空气进入换热器的体积流量 q_{vc} 是通过安装于进气管路中的孔板流量计测定的，但由于孔板流量计是在 1atm、20℃下标定的，仪表显示流量 q_{vc0} 需要进行换算，即：

$$q_{vc}=q_{vc0}\sqrt{\frac{\rho_{20}}{\rho}} \qquad (6\text{-}43)$$

式中，ρ 为空气在换热器进口温度下的密度，kg/m³；ρ_{20} 为空气在 1atm、20℃下的密度，kg/m³。

空气的实际质量流量 q_{mc} 则为：

$$q_{mc}=q_{vc}\rho=q_{vc0}\sqrt{\rho\cdot\rho_{20}} \qquad (6\text{-}44)$$

由式（6-41）可知，总传热系数 K_i 是传热计算的关键，总传热系数 K_i 可用下式计算：

$$K_i=1\Big/\left(\frac{1}{\alpha_o}\frac{d_i}{d_o}+\frac{\delta}{\lambda_w}\frac{d_i}{d_m}+\frac{1}{\alpha_i}\right) \qquad (6\text{-}45)$$

式中，α_o 与 α_i 为管外与管内的对流传热系数，J/(m²·K)；d_o、d_i 与 d_m 为换热管的外径、内径及对数平均半径，m；δ 为换热管壁厚，m；λ_w 为换热管的热导率，J/(m·K)。

由式（6-45）可知，对于确定的换热器来说，对流传热系数 α_o 与 α_i 最终决定了总传热系数 K_i 的数值。由于实验装置换热管道材质为紫铜，热导率很大，换热管的壁厚又很薄，所以管壁热阻 $\frac{\delta}{\lambda_w}\frac{d_i}{d_m}$ 可以忽略，又因水蒸气的对流传热系数 α_o 远大于空气的对流传热系数，所以管外的热阻 $\frac{1}{\alpha_o}\frac{d_i}{d_o}$ 也可忽略，则式（6-45）可简化为：

$$K_i=\alpha_i \qquad (6\text{-}46)$$

因此，利用式（6-41）与式（6-46）可求出空气的对流传热系数 α_i：

$$\alpha_i=\frac{q_{mc}c_{pc}(T_{c2}-T_{c1})}{A_i\Delta T_m} \qquad (6\text{-}47)$$

2. 对流传热系数经验关联式参数的测定

由于对流传热过程的影响因素众多且关系复杂，对流传热系数利用理论公式进行分析求解较为困难，所以大量工程上的对流传热问题还需要结合实验建立经验关联式进行求解。由于影响对流传热系数的因素太多，通常利用量纲分析法将各影响因素组合成若干量纲为 1 的数群，然后利用试验来确定各数群之间的关系，并得到对流传热系数的经验关联式。

当低黏度流体在圆形直管内作无相变强制对流传热时，对流传热系数 α_i 受流体的密度 ρ、黏度 μ、热导率 λ、管道的内径 d_i 和平均流速 u 的影响，即

$$\alpha=f(d_i,\rho,\mu,c_p,\lambda,u) \qquad (6\text{-}48)$$

根据量纲分析法，以上变量可以组合为 4 个量纲为 1 的数群关系式，即

$$Nu=ARe^mPr^n \qquad (6\text{-}49)$$

式中，Nu 为努塞尔数，表示对流传热系数大小，$Nu=\dfrac{\alpha d_i}{\lambda}$；$Re$ 为雷诺数，表征流体

湍流强度对对流传热的影响，$Re=\dfrac{\rho d_i u}{\mu}=\dfrac{4q_{mc}}{\pi d_i \mu}$；$Pr$ 为普朗特数，表征流体物性对对流传热的影响，$Pr=\dfrac{c_p \mu}{\lambda}$；$A$、$m$、$n$ 为经验方程参数。

经实验测定，当流体被加热时，$n=0.4$，此时式（6-49）可整理为：

$$\dfrac{Nu}{Pr^{0.4}}=ARe^m \tag{6-50}$$

$\dfrac{Nu}{Pr^{0.4}}$ 与 Re 在式（6-50）中呈幂指数关系，在双对数坐标系中应为一条直线。

对式（6-50）两边取对数后，可得：

$$\lg\left(\dfrac{Nu}{Pr^{0.4}}\right)=\lg A + m\lg Re \tag{6-51}$$

令 $Y=\lg\left(\dfrac{Nu}{Pr^{0.4}}\right)$，$X=\lg Re$，$K=\lg A$，则式（6-51）为：

$$Y=K+mX \tag{6-52}$$

通过实验得到不同流量下的 Y 与 X，再利用线性回归即可求出经验方程参数 m 与 A。

空气在 0～100℃ 之间的物性与温度的关系可利用如下拟合公式求取：

① 空气的密度与温度的关系式：

$$\rho=10^{-5}t^2-4.5\times10^{-3}t+1.2916(\text{kg/m}^3) \tag{6-53}$$

② 空气的比热与温度的关系式：

60℃ 以下：$c_p=1005\ \text{J/(kg·K)}$；70℃ 以上：$c_p=1009\ \text{J/(kg·K)}$

③ 空气的热导率与温度的关系式：

$$\lambda=-2\times10^{-8}t^2+8\times10^{-5}t+0.0244[\text{W/(m·K)}] \tag{6-54}$$

④ 空气的黏度与温度的关系式：

$$\mu=(-2\times10^{-6}t^2+5\times10^{-3}t+1.7169)\times10^{-5}(\text{Pa·s}) \tag{6-55}$$

各物性参数的定性温度为空气在管内的进、出口温度的平均值，即 $T_m=(T_{c1}+T_{c2})/2$。式中，t 为温度。

3. 强化比的测定

换热器传热过程的强化是以提高换热器的热通量，减小单位换热面积的设备体积与质量，减少流体在换热器的流动阻力以降低换热器的动力消耗，从而达到改善换热器传热性能、降低生产成本为目的的技术手段。

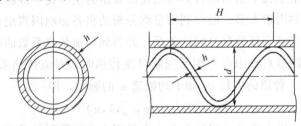

图 6-5　螺旋线圈强化管内部

强化换热的方法有很多种，本实验采用的是在换热管内插入螺旋线圈的方法来提高换热管内的对流传热系数。螺旋线圈强化管的内部结构如图 6-5 所示，螺旋线圈由细钢丝按一定

节距 H 绕成。螺旋线圈插入并固定在换热管内，使之成为强化换热管。在近壁区域内，流体一面受螺旋线圈的作用而发生旋转，一面还受到螺旋线圈的周期性扰动，流体的层流内层减薄，管内的对流传热系数得以提高，传热得到强化。另外，由于绕制螺旋线圈的钢丝很细，流体旋转强度较小，流体流动阻力较小，有利于节约能源。螺旋线圈以线圈节距 H 与管内径 d 的比值和管壁的粗糙度（$2d/h$）为主要技术参数，且长径比是影响传热效果和阻力系数的重要因素。

在不考虑阻力的影响时，可以使用强化比的概念作为强化效果的评判准则，即 Nu'/Nu，其中 Nu' 为强化管的努塞尔数，Nu 为普通管的努塞尔数。强化换热时，$Nu'/Nu>1$，并且该值越大，强化换热效果越好。需要注意的是凡是能够强化单相流体传热的方法都会引起流动阻力的增加，因此实际的强化效果评判标准应该综合考虑传热效果、流动阻力、运行成本等各方面因素。

【实验装置】

1. 流程图

实验装置流程图如图 6-6 所示。

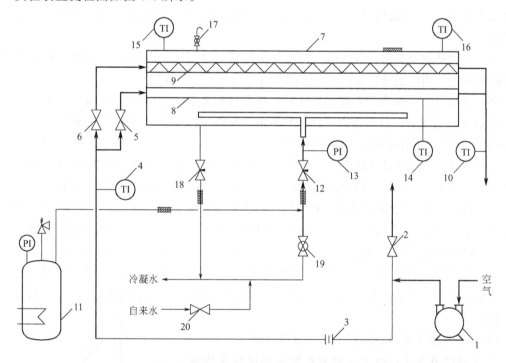

图 6-6 双套管传热实验装置流程图

1—旋涡风机；2—旁路调节阀；3—孔板流量计；4—空气进口温度计；5—普通管空气进口阀；6—强化管空气进口阀；7—套管换热器；8—普通（换热）管；9—加强（换热）管；10—空气出口温度计；11—全自动蒸汽发生器；12—蒸汽进口阀；13—压力表；14—管壁温度计；15—壳程左端温度计；16—壳程右端温度计；17—蒸汽放空阀；18—换热器冷凝水排放阀；19—蒸汽管路冷凝水排放阀；20—混水阀

2. 主要设备及仪表规格

（1）套管换热器

普通管直径：$\phi 19\text{mm} \times 1.5\text{mm}$，长度：$L=960\text{mm}$，材质：紫铜。
强化管直径：$\phi 19\text{mm} \times 1.5\text{mm}$，长度：$L=960\text{mm}$（管内添加螺旋线圈），材质：紫铜。
外套管直径：$\phi 200\text{mm} \times 5\text{mm}$，长度：$L=1000\text{mm}$。
（2）旋涡风机型号：HG-250C，最大风压：12kPa，最大流量：$35\text{m}^3/\text{h}$。
（3）铂热电阻型号：WZP-003A，精度：B级。
（4）孔板流量计型号：SE-5016-04，测量范围：$2 \sim 20\text{m}^3/\text{h}$，精度：1.0级。
（5）蒸汽发生器型号：LDR0.008~0.2。

【实验步骤】

对流传热系数测定
实验——实验操作

（1）确认装置所有阀门是否处于关闭状态。
（2）接通全自动蒸汽发生器11电源，打开加热开关开始加热，当蒸汽压力达到设定值时，蒸汽发生器会自动处于保温状态。
（3）打开控制箱上的总电源开关和仪表电源开关。打开计算机，运行软件。
（4）打开换热器冷凝水排放阀18，排出上次实验余留的冷凝水。在整个实验中，换热器冷凝水排放阀18应旋转至一个适当开度，以保证实验中冷凝水能排出，而蒸汽不能从此阀排出。
（5）套管换热器7通入蒸汽前，先打开蒸汽管路冷凝水排放阀19，利用蒸汽将管道内的冷凝水带走，当听到蒸汽响声时，关闭蒸汽管路冷凝水排放阀19。
（6）开始向套管换热器7通入蒸汽时，首先打开蒸汽放空阀17，再缓慢调节蒸汽进口阀12，让蒸汽逐渐进入换热器内，使换热器由"冷态"转变为"热态"，一般时间不应少于10min，以防止换热管局部过热而导致变形或破裂。
（7）全开孔板流量计3的两个导压阀，全开普通管空气进口阀5和旁路调节阀2。将风机开关置于"全速"位置，启动旋涡风机1，待风机运行平稳后，全关旁路调节阀2。
（8）待蒸汽发生器的压力表读数稳定后，调节蒸汽进口阀12开度，维持换热器内蒸汽压力为常压，有少许蒸汽从蒸汽放空阀17连续冒出即可。调节混水阀20，使冷却水稍有流出即可。
（9）调节空气流量，当进、出口温度基本稳定后（一般需等待10min以上），记录空气流量 q_v、空气进口温度 T_{c1} 和空气出口温度 T_{c2}。空气流量由大（设备可以达到的最大流量）至小（最小流量下的 Re 要大于 10^4）进行调节，测取6~8组不同空气流量下的普通管的实验数据。
（10）空气流量调节方法有手动和自动两种。
① 手动调节方法：由于实验装置使用的风机为旋涡风机1，其特性曲线如图6-7所示，旋涡风机压头与功率随流量增大而迅速降低，且在流量为零时压头与轴功率最大，所以为保护风机与降低轴功率，旋涡风机可使用旁路调节阀2调节流量。旋涡风机在启动时要全开旁路调节阀2以降低启动电流，运转正常后，当减小旁路调节阀2的开度，主管路的流量将随之增大。
② 自动调节方法：将仪表箱风机开关置于"自动"位置，在软件中点击风机图标，设置操作模式为"自动"，输入流量数值，

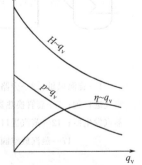

图6-7 旋涡风机特性曲线

计算机可通过仪表对风机进行变频调节至指定流量。

(11) 全开强化管空气进口阀 6,关闭普通管空气进口阀 5。重复步骤 7 的内容,测定 6~8 组不同空气流量下的强化管的实验数据。

(12) 实验结束后按以下步骤将设备关闭。

① 关闭蒸汽发生器电源开关,将风机开关置于"全速"位置。

② 关闭蒸汽进口阀 12、蒸汽放空阀 17,全开换热器冷凝水排放阀 18,等待系统冷却。

③ 待冷凝水流完,系统冷却后,关闭装置所有阀门。

④ 依次关闭风机电源、仪表电源和设备总电源。退出软件,关闭计算机。

【实验数据记录及处理】

1. 实验数据记录与处理

原始数据及数据处理结果填入表 6-12 和表 6-13。

表 6-12 普通管对流传热系数实验数据记录与处理表

装置编号:_____
换热管材质:_____　换热管外径:_____mm　换热管内径:_____mm　换热管壁厚:_____mm
换热管测试长度:_____mm　换热管内表面积:_____m^2

变量名称	符号	单位	序号							
			1	2	3	4	5	6	7	8
体积流量显示值	q_{v0}	m^3/h								
空气进口温度	T_{c1}	℃								
空气出口温度	T_{c2}	℃								
换热管壁温	T_w	℃								
换热管外蒸汽温度	T_h	℃								
空气的定性温度	T_m	℃								
空气的密度	ρ	kg/m^3								
空气的黏度	μ	Pa·s								
空气的热导率	λ	W/(m·K)								
空气的定压热容	c_p	J/(kg·K)								
空气的质量流量	q_m	kg/s								
传热速率	ϕ	W								
对数平均温度差	Δt_m	℃								
空气对流传热系数	α_i	W/(m²·K)								
努塞尔数	Nu									
雷诺数	Re									
普朗特数	Pr									
	$Nu/Pr^{0.4}$									

表 6-13　加强管流传热系数实验数据记录表

装置编号：_____
换热管材质：_____　　换热管外径：_____mm　　换热管内径：_____mm　　换热管壁厚：_____mm
换热管测试长度：_____mm　　换热管内表面积：_____m²

变量名称	符号	单位	序号							
			1	2	3	4	5	6	7	8
体积流量显示值	q_{v0}	m³/h								
空气进口温度	T_{c1}	℃								
空气出口温度	T_{c2}	℃								
换热管壁温	T_w	℃								
换热管外蒸汽温度	T_h	℃								
空气的定性温度	T_m	℃								
空气的密度	ρ	kg/m³								
空气的黏度	μ	Pa·s								
空气的热导率	λ	W/(m·K)								
空气的定压热容	c_p	J/(kg·K)								
空气的质量流量	q_m	kg/s								
传热速率	ϕ	W								
对数平均温度差	Δt_m	℃								
空气对流传热系数	α_i	W/(m²·K)								
加强管的努塞尔数	Nu'									
雷诺数	Re									
普朗特数	Pr									
	$Nu'/Pr^{0.4}$									
光滑管的努塞尔数	Nu									
强化比	Nu'/Nu									

2. 实验报告要求

（1）将原始数据及计算结果填入数据记录表和数据处理表中，并以一组数据为例写出计算的详细过程。

（2）在同一双对数坐标系中绘制普通管换热器和强化管换热器的 $Nu \sim Re$ 关系曲线，并计算强化比，分析两换热管的 Nu 随 Re 的变化规律。

（3）在双对数坐标系中绘制普通管的 $Nu/Pr^{0.4} \sim Re$ 关系曲线，回归求取 $Nu/Pr^{0.4} = ARe^m$ 中的参数 A 与 m，并与 $Nu/Pr^{0.4} = 0.023Re^{0.8}$（Dittus-Boelter 公式）中的参数进行比较，分析产生差异的原因。

（4）分析传热过程总传热系数 K 与对流传热系数 α_i 的关系，明确本实验中传热过程的控制步骤，提出强化换热的途径。

【思考题】

（1）实验中空气和蒸汽的流向对传热效果有影响吗？

（2）管程中空气流量是如何调节的？其原理是什么？

(3) 如何判断系统达到了稳定状态?

(4) 在实验过程中,如果冷凝水不能及时排出,会造成什么结果? 如何及时排出冷凝水?

(5) 在实验过程中,为什么要将壳程中的不凝气排出?

(6) 在计算空气质量流量时所用的密度值与计算雷诺数的密度值是否一致? 其原因是什么?

(7) 本实验中,壳程为什么走蒸汽而管程走空气? 实验中管壁温度接近哪一侧的温度? 为什么?

(8) 本装置的开车流程与停车流程是什么?

(9) 为了让实验点均匀地分布在双对数坐标系中,在本实验中如何确定各实验点对应的流量值?

(10) 强化换热的效果如何评价? 采用强化换热的代价是什么?

6.6 填料吸收塔传质单元高度测定实验

【实验目的】

1. 了解填料吸收塔的基本流程和设备结构,并练习操作。

2. 了解填料塔的流体力学性能,测定填料层压力降与操作气速的关系,确定填料塔在某液体喷淋量下的液泛气速。

3. 学习填料吸收塔传质能力与传质效率的测定方法。

4. 掌握填料吸收塔传质单元高度 H_{OG}、总体积吸收系数 K_Ya 和回收率的测定方法。

填料吸收塔传质
单元高度测定实验
——实验理论

【实验原理】

化工生产中,为了回收气体混合物中的有用组分、除去工艺气体中的有害成分以净化气体、制备某种气体的溶液、对工业废气进行治理等,往往会采用吸收操作,吸收操作的依据是混合气体各组分在某种溶剂中的溶解度的差异。

根据相际传质理论,吸收过程包括气相溶质与两相界面的对流传质、界面上溶质组分的溶解以及溶质在液相内的对流传质三个子过程。气液相的流动状态、物系性质以及相平衡关系等因素对传质过程都有影响。吸收过程的设计和过程的操作与分析都涉及吸收传质速率或传质系数。

填料是填料吸收塔的最重要的部分。对于工业填料,按其结构和形状可以分为颗粒填料和规整填料两大类。颗粒填料是一颗颗具有一定几何形状和尺寸的填料颗粒体,一般以散装形式堆放在塔内。规整填料是由许多具有相同几何形状的填料单元体组成的,以整砌的方式装填在塔内。

本实验装置采用水吸收空气中的二氧化碳,整个体系无毒、无味、廉价,且清洁环保。

1. 气体通过填料层的压力降

压力降是塔设计中的重要参数,气体通过填

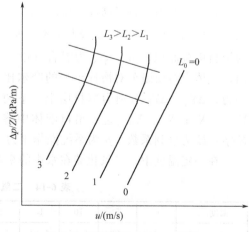

图 6-8 填料层的 $\Delta p \sim u$ 关系

料层压力降的大小决定了塔的动力消耗。压力降与气液流量有关，不同喷淋量下的单位高度填料层的压力降 $\Delta p/Z$ 与空塔气速 u 的实测数据标绘在对数坐标纸上，如图 6-8 所示。

当无液体喷淋即喷淋量 $L_0=0$ 时，干填料的 $\Delta p/Z \sim u$ 的关系是直线，如图中的直线 0。当有一定的喷淋量时，$\Delta p/Z \sim u$ 的关系变成折线，并存在两个转折点，下转折点称为"载点"，上转折点称为"泛点"。这两个转折点将 $\Delta p/Z \sim u$ 关系分为三个区段：恒持液量区、载液区与液泛区。

一定的液相流量下，填料塔内发生液泛时的气速称为液泛气速，液泛气速常作为设计中选定操作气速的参照。液泛现象发生时，气体通过填料塔的压降会迅速增大，因此可根据压力降与气速关系曲线上急剧转折的那一点定出液泛气速，也可根据目测获得，两者之间常有一定的差距。

2. 传质性能

吸收系数是决定吸收过程速率高低的重要参数，而实验测定是获取吸收系数的根本途径。对于相同的物系及一定的设备（填料类型与尺寸），吸收系数将随着操作条件及气液接触状况的不同而变化。

本实验所用的空气-二氧化碳混合气体中二氧化碳在水中的溶解度很低，所得吸收液的浓度不高，可认为气-液平衡关系服从亨利定律，可用方程式 $Y^*=mX$ 表示。又因是常压操作，相平衡常数 m 仅是温度的函数。

(1) N_{OG}、H_{OG}、$K_Y a$、φ_A 可依下列公式进行计算：

$$N_{OG}=\frac{Y_1-Y_2}{\Delta Y_m} \tag{6-56}$$

$$\Delta Y_m=\frac{\Delta Y_1-\Delta Y_2}{\ln \dfrac{\Delta Y_1}{\Delta Y_2}} \tag{6-57}$$

$$H_{OG}=\frac{Z}{N_{OG}} \tag{6-58}$$

$$K_Y a=\frac{V}{H_{OG}\Omega} \tag{6-59}$$

$$\varphi_A=\frac{Y_1-Y_2}{Y_1}\times 100\% \tag{6-60}$$

式中，Z 为填料层高度，m；H_{OG} 为气相总传质单元高度，m；N_{OG} 为气相总传质单元数；$K_Y a$ 为气相总体积吸收系数，$kmol/(m^3 \cdot h)$；V 为空气的摩尔流量，kmol/h；Ω 为填料塔截面积，m^2；φ_A 为混合气中二氧化碳被吸收的百分率（吸收率）；Y_1、Y_2 为进、出口气体中溶质组分对惰性组分的摩尔比；ΔY_m 为所测填料层两端面上气相总对数平均推动力；ΔY_2、ΔY_1 分别为填料层上、下两端面上的气相推动力，$\Delta Y_1=Y_1-mX_1$；$\Delta Y_2=Y_2-mX_2$；X_2、X_1 为进、出口液体中溶质组分对溶剂的摩尔比；m 为相平衡常数，$m=E/p$，E 为亨利系数，p 为系统操作压力。

在一定温度下，二氧化碳在水中的亨利系数见表 6-14。

表 6-14 二氧化碳水溶液的亨利系数

温度/℃	0	5	10	15	20	25	30	35	40	45	50	60
$E\times 10^{-5}/kPa$	0.738	0.888	1.05	1.24	1.44	1.66	1.88	2.12	2.36	2.60	2.87	3.46

(2) 操作条件下液体喷淋密度的计算

$$喷淋密度 U = \frac{流体流量 [\mathrm{m}^3/\mathrm{h}]}{塔截面积 [\mathrm{m}^2]}$$

最小喷淋密度的经验值 $U_{\min}$ 为 $0.2\ \mathrm{m}^3/(\mathrm{m}^2 \cdot \mathrm{h})$。

【实验装置】

1. 设备参数

(1) 吸收塔：高效填料塔，塔径 100mm，填料层总高度 1400mm。塔顶有液体初始分布器，塔中部有液体再分布器，塔底部有栅板式填料支承装置。填料塔底部有液封装置，以避免气体泄漏。

(2) 不同设备塔内分别装有拉西环、鲍尔环、θ网环和丝网规整填料四种类型填料。

(3) 贫液罐：长×宽×高＝350mm×400mm×400mm。

(4) 测量 CO_2 流量：转子流量计；型号：LZB-DK800-6，最大流量 7 L/min。

(5) 测量气体小流量：转子流量计；型号：LZB-15，最大流量 4 m^3/h。

(6) 测量气体大流量：孔板流量计；型号：SE-5016-05，最大流量 20 m^3/h。

(7) 测量液体流量：涡轮流量计，最大流量 1.2 m^3/h。

(8) C1000 仪表：显示水和空气的流量。

(9) 空气风机型号：HG-550-C 旋涡式气泵。

(10) 二氧化碳在线分析仪：FIX-550。

2. 流程图（图 6-9）

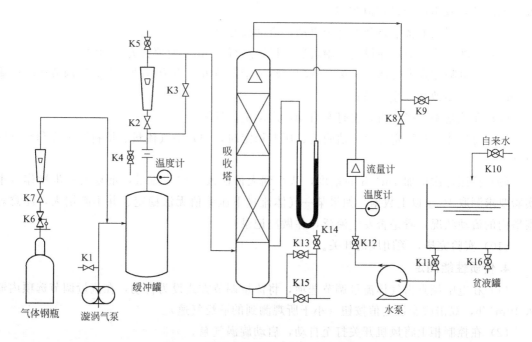

图 6-9 填料吸收塔实验装置流程示意图

【实验步骤】

1. 准备工作

（1）确认装置各个位置阀门的状态：打开气体进口阀门 K3、出口阀门 K8；离心泵进口阀门 K11、出口阀门 K12；其他位置阀门均处于关闭状态。

（2）打开水箱进水阀门 K10。

（3）打开装置总电源和仪表电源，启动电脑。

（4）在电脑端启动组态软件，进入实验运行环境。

填料吸收塔传质
单元高度测定实验
——实验操作

2. 测量干填料层 $(\Delta p/Z) \sim u$ 关系曲线

（1）在电脑端点击气体流量调节选项，将流量调节方式设为自动，在流量调节选项内输入 $10 \mathrm{m}^3/\mathrm{h}$（可根据装置运行情况调整），双击改变设定值按钮。

（2）在控制柜上将风机开关打至自动，启动旋涡气泵。

（3）待气体流量稳定在设定值附近、压差稳定时，记录空气流量、填料层压降和空气的温度。

（4）按照每次增加 $2\mathrm{m}^3/\mathrm{h}$ 的幅度，从小到大依次改变空气流量，重复上一步操作（本实验要求测取 5 组以上数据）。

（5）实验完毕，关闭风机开关。

3. 测量某喷淋量下填料层 $(\Delta p/Z) \sim u$ 关系曲线

（1）检查水箱水位是否正常。

（2）打开吸收塔底部出水阀 K13。

（3）在电脑端点击液体流量调节选项，将流量调节方式设为自动，在流量调节选项内输入 $0.8\mathrm{m}^3/\mathrm{h}$，双击改变设定值按钮。

（4）在控制柜上将水泵开关打至自动，启动离心泵。

（5）待液体流量稳定在设定值附近后，稳定运行 5min，使填料充分润湿。

（6）在电脑端点击气体流量调节选项，将流量调节方式设为自动，在流量调节选项内输入 $8\mathrm{m}^3/\mathrm{h}$，双击改变设定值按钮。

（7）在控制柜上将风机开关打至自动，启动旋涡气泵。

（8）待气体流量稳定在设定值附近、压差稳定时，记录空气流量、填料层压降和空气的温度。

（9）按照每次增加 $1\mathrm{m}^3/\mathrm{h}$ 的幅度，从小到大依次改变空气流量，重复上一步操作（本实验要求测取 10 组以上数据，如果某一气体流量下压差值无法稳定、并不断增大，注意观察塔内的流动状况，看是否发生液泛，并做出记录）。

（10）实验完毕，关闭风机开关。

4. 传质性能测定

（1）在电脑端点击气体流量调节选项，将流量调节方式设为自动，在流量调节选项内输入 $10\mathrm{m}^3/\mathrm{h}$，双击改变设定值按钮（小于所观测到的液泛气速）。

（2）在控制柜上将风机开关打至自动，启动旋涡气泵。

（3）打开二氧化碳气瓶总阀，调节减压阀至 0.2MPa，调节转子流量计进口阀门，使二氧化碳流量稳定在 5L/min 左右。

(4) 稳定运行 10min 后,将二氧化碳在线分析仪进口软管连接至入塔气体取样口,开启取样阀门,待分析仪读数稳定后记录入塔气体二氧化碳的浓度。

(5) 分析完成后,关闭取样阀门,并将软管卸下。

(6) 将二氧化碳在线分析仪进口软管连接至出塔气体取样口,开启取样阀门,待分析仪读数稳定后记录出塔气体二氧化碳的浓度。

(7) 分析完成后,关闭取样阀门,并将软管卸下。

(8) 记录各流量计读数和温度。

(9) 关闭二氧化碳气瓶总阀,2min 后关闭风机开关和水泵开关,关闭仪表电源和总电源。

【实验数据记录及处理】

1. 实验数据记录与数据处理

(1) 干填料 $\Delta p/Z \sim u$ 关系测定数据表,见表 6-15。

表 6-15 干填料 $\Delta p/Z \sim u$ 关系测定数据表

实验装置编号:					
填料种类: 填料层高度: 塔径:					
序号	填料层压降 Δp/mmH$_2$O	$(\Delta p/Z)$ /(mmH$_2$O/m)	空气流量计读数 V/(m^3/h)	空气温度 t/℃	校正后空气流量 V'/(m^3/h)	空塔气速 u/(m/s)
1						
2						
…						
备注:						

(2) 湿填料 $\Delta p/Z \sim u$ 关系测定数据表,见表 6-16。

表 6-16 湿填料 $\Delta p/Z \sim u$ 关系测定数据表

实验装置编号:						
填料种类: 填料层高度: 塔径: 液体流量:						
序号	填料层压降 Δp/mmH$_2$O	$(\Delta p/Z)$ /(mmH$_2$O/m)	空气流量计读数 V/(m^3/h)	空气温度 t/℃	校正后空气流量 V'/(m^3/h)	空塔气速 u/(m/s)	现象
1							
2							
3							
…							
备注:							

(3) 填料吸收塔传质实验数据表，见表 6-17。

表 6-17 填料吸收塔传质实验数据表

实验装置编号： 填料层高度：　　　塔内径：　　　填料种类： 气体混合物：　　　吸收剂：			
项目		实验 1	实验 2
混合气流量	流量计读数 $V/(m^3/h)$		
	温度 $t/℃$		
	校正后混合气流量 $V'/(m^3/h)$		
二氧化碳流量	转子流量计读数/(l/min)		
	流量计处二氧化碳温度/℃		
	校正后二氧化碳流量/(l/min)		
空气流量	计算值/(m^3/h)		
水流量	流量计读数/(m^3/h)		
	水的温度/℃		
	校正后水流量/(m^3/h)		
塔底 Y_1 测定	二氧化碳浓度/(体积百分数)		
塔顶 Y_2 测定	二氧化碳浓度/(体积百分数)		
相平衡	液相温度/℃		
	相平衡常数 m		
塔底气相浓度 Y_1			
塔顶气相浓度 Y_2			
塔底液相浓度 X_1			
Y_1^*			
平均推动力 ΔY_m			
气相总传质单元数 N_{OG}			
气相总传质单元高度 H_{OG}/m			
空气的摩尔流量 $V/(kmol/h)$			
气相总体积吸收系数 $K_Y a/(kmol \cdot m^{-3} \cdot h^{-1})$			
回收率 φ_A			

(4) 实验用对数坐标

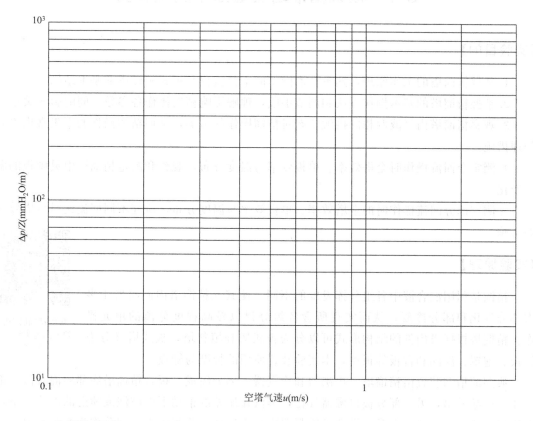

2. 实验报告要求

(1) 将原始数据及计算结果填入实验数据表中,并以一组数据为例写出计算的详细过程。

(2) 在对数坐标上作出干塔、一定喷淋量下填料塔压降与空塔气速之间的关系曲线,确定出液泛气速,并与观察到的液泛气速相比较。

(3) 计算总体积吸收系数 $K_Y a$。

(4) 对实验结果进行分析讨论。

【思考题】

(1) 本实验要求得到哪些实验结果?为得到这些结果,要知道哪些物理量?直接测定哪些数据?用什么仪表?

(2) 气体温度与吸收液温度不同时,应按哪个温度计算相平衡常数?

(3) 从实验数据进行分析,你认为水吸收空气中的二氧化碳属于气膜还是液膜控制?

(4) 转子流量计读出的空气流量是空气的真实流量吗?为什么?

(5) 吸收塔底部为什么要安装液封装置?

6.7 板式精馏塔全塔效率测定实验

【实验目的】

1.掌握精馏塔的工作原理,熟悉精馏操作的工艺流程和板式精馏塔的基本结构。
2.掌握精馏塔的基本操作方法和调节手段,理解影响精馏操作各参数之间的影响关系。
3.观察精馏塔内气液两相的接触状态对精馏操作的影响,掌握精馏操作的不正常现象和处理措施。
4.测定全回流操作时全塔效率、单板效率与温度分布,观察和测定精馏塔中灵敏板的温度变化。
5.测定部分回流操作时的全塔效率、单板效率与温度分布,研究不同回流比对全塔效率的影响。

【实验原理】

精馏是利用混合液中各组分挥发度的不同,使其在精馏塔内同时发生多次部分气化和部分冷凝,从而实现所含各组分得以较高程度分离的单元操作。精馏塔根据塔内件的结构形式可以分为板式塔和填料塔,板式塔又分为筛板、泡罩、浮阀和舌板等板型,本实验装置使用的板型为筛板。

典型的精馏装置由精馏塔、再沸器和冷凝器三部分组成。板式精馏塔底部的混合液一部分作为产品采出,另一部分被再沸器气化,蒸汽在压差的推动下以鼓泡或喷射的形式由下自上逐层穿过塔板,蒸汽上升至塔顶被冷凝器冷凝为液体,冷凝液中一部分作为产品采出,另一部分作为回流液体返回至塔内,回流液在重力的作用下自上而下经降液管横向流过塔板,气液两相在塔板上密切接触且进行传热和传质。板式塔内气液两相总体呈逆流流动,在塔板上为错流流动,轻组分的浓度沿塔高自下而上呈阶梯式增大,重组分的浓度分布与之相反。

若气、液两相离开某块塔板时能达到平衡状态,则该块塔板称为理论板。实际上,由于气、液两相在塔板上接触时间和接触面积有限以及塔板间返混流动等原因,离开塔板的气、液两相难以达到平衡,因此理论板仅是作为衡量实际板分离效率的依据和标准,通常使用塔板效率来表征塔板的分离效果接近这个标准的程度。根据不同的研究角度,塔板效率有全塔(总板)效率 E_T、单板(默弗里)效率 E_M 和点效率 E_O。

1. 全回流操作时的单板效率测定

单板效率是指气相或液相经过一块实际塔板前后组成变化值与经过理论塔板前后组成变化值之比。

按气相组成变化表示的单板效率为:

$$E_{MV} = \frac{y_n - y_{n+1}}{y_n^* - y_{n+1}} \tag{6-61}$$

按液相组成变化表示的单板效率为:

$$E_{ML} = \frac{x_{n-1} - x_n}{x_{n-1} - x_n^*} \tag{6-62}$$

式中，y_n，y_{n+1} 分别为离开第 n 块和第 $n+1$ 块塔板的气相组成；x_{n-1}，x_n 为离开第 $n-1$ 块和第 n 块塔板的液相组成；y_n^* 为与 x_n 相平衡的气相组成；x_n^* 为与 y_n 相平衡的气相组成。

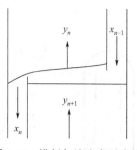

图6-10 塔板气液流向示意图

在测取液相组成变化表示的单板效率 E_{ML} 时，先测定 x_{n-1}、x_n，根据操作线方程由 x_{n-1} 求取 y_n，再由 y_n 通过平衡线求出 x_n^*。塔板气液流向见图6-10。单板效率是评价一块塔板传质效果的重要参数，其受物系性质、操作条件和塔板类型的影响。当物系与操作条件确定后，可以比较不同操作条件下的单板效率。

2. 全塔效率的测定

全塔效率 E_T 指完成分离任务所需的理论板数 N_T 与实际塔板数 N_P 之比，即：

$$E_T = \frac{N_T}{N_P} \tag{6-63}$$

式中，N_T 为完成分离任务所需的理论板数（不包括再沸器）；N_P 为板式塔的实际塔板数。

因为各层塔板的流动状态和物性不同，各层塔板的传质效率也不相同，所以利用全塔效率综合反映全塔的平均传质效果。全塔效率的影响因素众多，归纳起来可以分为物系性质、操作条件和塔板结构等三个方面，这些因素彼此之间关系复杂，难以得出各因素之间的定量关系，因此全塔效率通常通过实验测定或利用实验数据关联出的经验公式求取。

当板式塔结构与物系相同时，操作条件就成了影响全塔效率的主要因素。本实验考察操作条件中最重要的因素——回流比的影响。

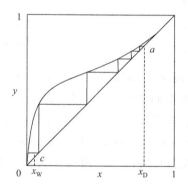

图6-11 全回流时理论塔板数的确定

3. 全回流下的理论板数及全塔效率的求取

当精馏塔进行全回流操作时，因为没有进、出料且不分精馏段与提馏段，精馏塔易于稳定，所以常用于实验研究。

精馏塔的理论板数可以利用图解法（McCabe-Thiele）法、逐板计算（Lewis-Matheson）法和简捷计算（Gilliland）法，本实验中采用较为简单的图解法（图6-11）求解。在全回流操作条件下，首先测定塔顶易挥发组分的摩尔分数 x_D 和塔底易挥发组分的摩尔分数 x_W，然后依据双组分的气液平衡数据绘制 x-y 相图和对角线，对角线即为全回流下的操作线，最后从 a 点 (x_D, x_D) 开始在平衡线与对角线之间做阶梯，直至阶梯超过 c 点 (x_W, x_W) 为止，所绘的阶梯数减1即为理论板数 N_T（理论板数可以不为整数）。板式塔的实际塔板数 N_P 又为已知，根据式（6-63）即可求得全塔效率 E_T。

4. 部分回流下的理论板数及全塔效率的求取

当精馏塔进行部分回流操作时，图解法求取理论板数的步骤如下：

(1) 通过实验测定回流液的流量 L_R、回流液的温度 t_R、馏出液的流量 D、进料温度 t_F、进料液易挥发组分的摩尔分数 x_F、塔顶易挥发组分的摩尔分数 x_D、塔底易挥发组分的

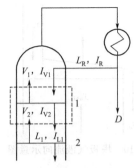

图 6-12 塔顶回流示意图

摩尔分数 x_W。

(2) 实际回流比 R 的求取

在实际操作中为了保证塔顶蒸汽完全被冷凝成液体，通常回流液体的温度低于泡点温度，过冷的回流液进塔后会将第一块塔板的部分上升蒸汽冷凝为液体，造成塔内实际液体流量 L 大于塔外回流量 L_R，即过冷回流。此时，精馏塔内的回流比 R 就不能简单地等于 L_R/D，而需通过对第一块塔板进行质量和热量衡算求取。塔顶回流示意图如图 6-12 所示。

对第一块塔板进行质量和热量衡算得：

$$L_R + V_2 = L_1 + V_1 \tag{6-64}$$

$$L_R I_R + V_2 I_{V2} = L_1 I_{L1} + V_1 I_{V1} \tag{6-65}$$

式中，L_R 为回流液的流量，kmol/s；I_R 为回流液的焓，kJ/kg；V_1、V_2 为离开第一、二块塔板的气相摩尔流量，kmol/s；L_1 为离开第一块塔板的液相摩尔流量，kmol/s；I_{V1}、I_{V2} 为离开第一、二块塔板的气相的焓，kJ/kmol；I_{L1} 为离开第一块塔板的液相的焓，kJ/kmol。

由于塔内相邻塔板温度及气相组分比较接近，故有 $I_{V2} \approx I_{V1} = I_V$，$I_{L1} = I_L$。整理可得：

$$L = L_R \cdot \frac{I_V - I_R}{I_V - I_L} = L_R \cdot \left(1 + \frac{c_{pD}(t_1 - t_R)}{r_D}\right) \tag{6-66}$$

因此，实际回流比 R 为：

$$R = \frac{L_R}{D} \cdot \left(1 + \frac{c_{pD}(t_1 - t_R)}{r_D}\right) \tag{6-67}$$

$$c_{pD} = c_{pA} M_A x_D + c_{pB} M_B (1 - x_D) \tag{6-68}$$

$$r_D = r_A M_A x_D + r_B M_B (1 - x_D) \tag{6-69}$$

式中，D 为馏出液的流量，kmol/s；t_1 为塔顶回流液组成 x_D 对应的泡点温度，℃；t_R 为塔顶回流液的温度，℃；c_{pD} 为塔顶回流液在 t_1 和 t_R 平均温度下的平均热容，kJ/(kmol·℃)；r_D 为塔顶回流液组成 x_D 下的气化热，kJ/kmol；M_A、M_B 分别为易挥发组分和难挥发组分的摩尔质量，kg/kmol；c_{pA}、c_{pB} 分别为易挥发组分和难挥发组分的热容，kJ/(kmol·℃)；r_A、r_B 分别为易挥发组分和难挥发组分的气化热，kJ/kmol；x_D 为塔顶馏出液的摩尔分数。

精馏段的操作线方程为：

$$y = \frac{R}{R+1} x + \frac{x_D}{R+1} \tag{6-70}$$

(3) 进料热状态参数 q 值的求取

实验中进料的热状态通常为过冷液体，此时热状态参数 q 值计算公式为：

$$q = \frac{\text{将 1kmol 进料变为饱和蒸汽所需的热量}}{\text{1kmol 原料液的气化热}} = 1 + \frac{c_{pF}(t_S - t_F)}{r_F} \tag{6-71}$$

$$c_{pF} = c_{pA} M_A x_F + c_{pB} M_B (1 - x_F) \tag{6-72}$$

$$r_F = r_A x_F + r_B (1 - x_F) \tag{6-73}$$

式中，q 为进料液的热状态参数；t_S 为进料液组成对应的泡点温度，℃；t_F 为进料液的温度，℃；c_{pF} 为进料液在 t_S 和 t_F 平均温度下的平均热容，kJ/(kmol·℃)；r_F 为塔顶回流液组成 x_F 下的气化热，kJ/kmol；x_F 为进料液的摩尔分数。

相应 q 线方程为：

$$y = \frac{q}{q-1}x - \frac{x_F}{q-1} \tag{6-74}$$

（4）图解法求取部分回流时的理论板数（图 6-13）

① 首先根据气液平衡数据绘制 x-y 相图；

② 连接 a 点 (x_D, x_D) 与 b 点 $[0, x_D/(R+1)]$ 做出精馏段操作线；

③ 过 f 点 (x_F, x_F)，做斜率为 $q/(q-1)$ 的 q 线，q 线与精馏段操作线交于 d 点；

④ 连结 d 点与 c 点 (x_W, x_W) 做出提馏段操作线；

⑤ 自 a 点开始在精馏段操作线与平衡线之间做梯级，当梯级跨越 d 点后，在提馏段操作线与平衡线之间绘制梯级，直至梯级跨越 c 点为止；

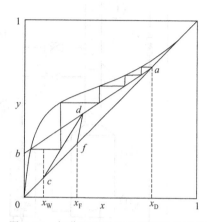

图 6-13 部分回流时理论塔板数的确定

⑥ 所绘制的梯级数减 1 即为部分回流时精馏塔的理论板数 $N_{T'}$（不包含再沸器），跨越 d 点的梯级即为加料板，其上的梯级为精馏段理论板数。

将所求得的理论板数 $N_{T'}$ 代入式（6-63）即可求出部分回流的全塔效率 $E_{T'}$。

【实验装置】

1. 流程图

实验装置如图 6-14 所示。

精馏塔为筛板精馏塔，全塔板数 $N_P = 10$ 块，板间距 $H_T = 100$ mm。其中第三段塔节为耐热玻璃材质，以利于观察塔内气、液两相流体的状况，其余塔节由 $\Phi 73$mm$\times 2.5$mm 的不锈钢钢管制成，加料位置由上向下起数第 5 块和第 8 块。降液管采用弓形，齿形堰，堰长 56mm，堰高 7.3mm，齿深 4.6mm，齿数 9 个。降液管底隙 4.5mm。筛孔直径 $d_0 = 1.5$mm，正三角形排列，孔间距 $t = 5$mm，开孔数为 74 个。塔釜为内电加热式，加热功率 2.5kW，有效容积为 10L。塔顶冷凝器、釜液冷却器均为盘管式。单板取样为自上而下第 1 块、第 2 块、第 9 块和第 10 块，斜向上管为液相取样口，水平管为气相取样口。

2. 实验流程

本实验原料液为乙醇水溶液，原料液通过进料泵加入精馏塔内。塔釜液体经电加热器加热产生上升蒸汽；塔顶为盘管式冷凝器，蒸汽冷凝后从集液器内流出，一部分馏出液作为产品采出进入产品罐内，另一部分作为回流液相进入塔内；气、液两相在塔板上进行热量、质量传递；塔釜残液流入釜液储罐。

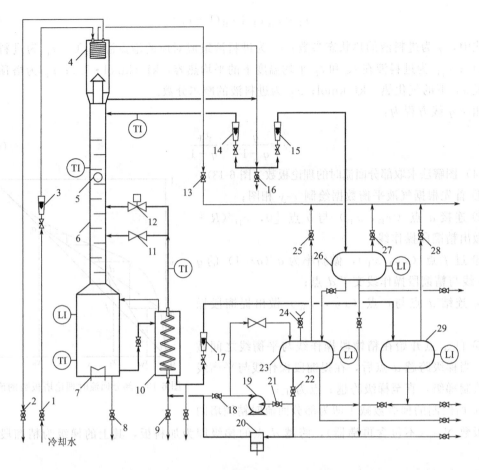

图 6-14 精馏装置流程图

1—冷却水入口阀；2—冷却水出口阀；3—冷却水流量计；4—塔顶冷凝器；5—精馏塔视盅；6—精馏塔；7—塔釜加热管；8—釜液取样阀；9—原料液取样阀；10—釜液冷却器；11—进料阀；12—进料电磁阀；13—塔顶放空阀；14—回流液流量计；15—塔顶产品流量计；16—塔顶产品取样阀；17—釜液流量计；18—进料泵出口阀；19—进料泵；20—进料计量泵；21—进料泵入口阀；22—原料罐出口阀；23—原料罐；24—加料阀；25—原料罐放空阀；26—塔顶产品罐；27—塔顶产品罐放空阀；28—釜液罐放空阀；29—釜液罐

【实验步骤】

1. 全回流操作

(1) 确认装置所有阀门是否处于关闭状态。

(2) 打开设备总电源开关、仪表电源开关，启动计算机，运行软件。

(3) 配制乙醇浓度为 10%~20%（体积比）的原料液，全开塔釜液位计上下两端的针型阀打开原料罐放空阀 25 和加料阀 24，将原料液加入原料罐 23 中。打开原料罐出口阀 22、进料泵入口阀 21、进料泵出口阀 18 和进料阀 11，打开进料泵 19 电源开关，进料泵 19 将原料液打入塔釜，直至釜液液位至塔釜液位计量程的 3/4。关闭进料泵 19 电源开关，关闭刚才打开的所有阀门。

(4) 打开塔顶冷凝器的冷却水入口阀 1 及冷却水出口阀 2，通过冷却水流量计 3 上的针阀调节冷却水的流量，在实验中要保证塔顶蒸汽能够全部被冷凝。

板式精馏塔全塔效率测定实验——实验操作

(5) 打开塔顶放空阀 13,全开回流液流量计 14 上的针阀,打开加热电源开关,逐步增大加热控制器的开度,使釜液温度缓慢提高,直至塔板上出现液层,并保证塔内气液相正常传质,精馏塔处于全回流状态。若塔板上有液沫夹带现象出现,可适当降低加热控制器的开度。

(6) 注意观察塔板上气液传质现象,当塔板上鼓泡均匀后,再维持全回流操作 30min,待至各塔板温度稳定后,打开塔顶产品取样阀 16 与釜液取样阀 8 取样分析。在取样时需先放出管道内滞留液体,以确保取样组成正确。

(7) 从第 9、10 层塔板的气相取样口和液相取样口缓慢抽取试样,分析后求取对应的单板效率。

(8) 记录各塔板的温度、加热电压、电流以及试样的分析结果。

2. 部分回流

(1) 待全回流操作稳定后,打开原料罐放空阀 25、进料电磁阀 12(或进料阀 11)及原料罐出口阀 22,启动原料计量泵 20,并调节至适当流量。

(2) 打开塔顶产品罐放空阀 27,调节塔顶产品流量计 15 上的针阀,选择适宜的回流比(参考回流比为 2~4),控制塔顶产品的出料量。

(3) 打开釜液罐放空阀 28,调节釜液流量计 17 上的针阀,让釜液流至釜液罐 29,实验中注意保持系统的物料平衡。

(4) 在实验中,注意保持塔釜加热功率、各塔板温度、回流比、塔顶出料、塔釜出料、塔釜液位的稳定,随时通过玻璃塔节观察塔板气体鼓泡情况,并加以调节。

(5) 确定部分回流操作稳定 20min 后,打开釜液取样阀 8、塔顶产品取样阀 16 和原料液取样阀 9 取样分析,并记录各塔板温度、进料温度和回流温度。

(6) 从第 9、10 层塔板的气相取样口和液相取样口缓慢抽取试样,分析后求取对应的单板效率。

3. 正常停车

(1) 关闭进料计量泵和塔釜加热电源开关。

(2) 待精馏塔内没有上升蒸汽后,关闭冷却水阀门。

(3) 各阀门恢复开车前初始状态。

4. 注意事项

(1) 实验所用物系为易燃物品,实验室内严禁明火,测试剩余的样品应注意回收,避免溅落。

(2) 开车前打开塔顶放空阀 13,通过上升蒸汽将精馏塔内部存有不凝气(空气)排出塔外,否则塔内压力过高导致危险。

(3) 塔釜釜液加热时,要缓慢增大塔釜的加热功率,以免发生暴沸。若发生暴沸,会有料液从塔顶冲出,此时应立即切断电源。

(4) 注意塔釜液面保持在液位计量程的 2/3 左右,以防止釜液液位过低致使电加热干烧毁坏。

【实验数据记录及处理】

1. 实验数据记录与处理

原始数据及数据处理结果填入表 6-18。

表 6-18 精馏实验数据记录表

实验装置编号：_____　　实验物系：_____
实际塔板数：_____　塔径：____mm　板间距：____mm

变量名称	变量符号	单位	数值	
			全回流	部分回流
加热电压	U	V		
加热电流	I	A		
加热功率	P	W		
第1层塔板温度	t_1	℃		
第2层塔板温度	t_2	℃		
第3层塔板温度	t_3	℃		
第5层塔板温度	t_5	℃		
第6层塔板温度	t_6	℃		
第7层塔板温度	t_7	℃		
第8层塔板温度	t_8	℃		
第9层塔板温度	t_9	℃		
第10层塔板温度	t_{10}	℃		
塔釜温度	t_W	℃		
进料液温度	t_F	℃		
回流液温度	t_R	℃		
塔顶产品质量分率	a_D			
塔顶产品摩尔分数	x_D			
进料质量分率	a_F			
进料摩尔分数	x_F			
塔底产品质量分率	a_W			
塔底产品摩尔分数	x_W			
进料液体积流量	q_{vF}	L/h		
进料液摩尔流量	F	mol/h		
塔顶产品体积流量	q_{vD}	L/h		
塔顶产品物摩尔流量	D	mol/h		
回流液体积流量	q_{vR}	L/h		
回流液摩尔流量	LR	mol/h		
塔釜产品体积流量	q_{vW}	L/h		
塔底产品摩尔流量	W	mol/h		
冷却水流量	q_{vc}	L/h		
回流比	R			
理论板数	N_T			

续表

变量名称	变量符号	单位	数值	
			全回流	部分回流
全塔效率	E_T	%		
第9层气相摩尔分数	y_9			
第9层液相摩尔分数	x_9			
第10层气相摩尔分数	y_{10}			
第10层液相摩尔分数	x_{10}			
第9层气相单板效率	E_{MV}			
第9层液相单板效率	E_{ML}			

2. 实验报告要求

(1) 将原始数据及计算结果填入数据记录表和数据处理表中，写出计算的详细过程。
(2) 绘制精馏塔在全回流及部分回流操作条件下塔内各层塔板温度沿塔高的变化曲线。
(3) 利用图解法求取全回流和部分回流时的理论板数。
(4) 求取全回流和部分回流时的全塔效率和单板效率。
(5) 分析并讨论实验过程中观察到的现象。

【思考题】

(1) 在精馏操作中，如何判断系统处于稳定状态？
(2) 什么是全回流操作？全回流操作的特点是什么？全回流操作通常用于什么情况？
(3) 全塔效率与单板效率的定义是什么？如何求取？全塔效率是否等于单板效率？
(4) 在本实验的操作条件下，能否通过增加塔板数来得到无水乙醇？原因是什么？
(5) 塔釜加热功率是如何影响分离效果的？全塔效率和单板效率如何随功率的变化而改变？
(6) 塔板温度随塔高是如何变化的？分析其原因。
(7) 为什么在塔顶冷凝器上安装放空阀？
(8) 为什么要控制塔釜液位高度？如何控制？
(9) 为什么要对精馏塔进行保温？
(10) 本实验中使用了装置中的哪些测量仪表？测定了哪些参数？操作步骤是什么？乙醇的浓度如何分析？

【附录】

1. 乙醇水溶液的密度计算

$$\rho = 1006.2 - 131.2x - 0.33907T - 64.346x^2 - 0.00158T^2 - 0.5264xT$$

式中，T 为温度，℃；ρ 为乙醇水溶液的密度，kg/m³；x 为乙醇的质量分率。

2. 定压热容的计算

(1) 乙醇的定压热容：

$$c_{pA} = 73.574 + 0.21615T - 1.474 \times 10^{-3}T^2 + 3.9558 \times 10^{-6}T^3$$

式中，T 为温度，K；c_{pA} 为乙醇的定压热容，J/(mol·K)。

(2) 水的定压热容：

$$c_{pB} = -929.70 + 5.9989T - 1.347 \times 10^{-2}T^2 + 1.0815 \times 10^{-5}T^3 + \frac{1.1347 \times 10^7}{T^2}$$

式中，T 为温度，K；c_{pB} 为水的定压热容，J/(mol·K)。

3. 气化热的计算

(1) 乙醇的气化热：

乙醇的临界温度 $T_c = 516.25$K，对比温度 $T_r = T/T_c$

$$r_A = 49.1171\exp(0.54239T_r)(1-T_r)^{0.53312}$$

式中，T 为温度，K；r_A 为乙醇的气化热，kJ/mol。

(2) 水的气化热：

$$r_B = 54.898\exp(-0.19476T_r)(1-T_r)^{0.21803}$$

式中，T 为温度，K；r_B 为水的气化热，kJ/mol。

6.8 干燥速率曲线测定实验

【实验目的】

1. 了解洞道式干燥装置的基本构造、工艺流程和操作方法。
2. 掌握恒定干燥条件下物料的干燥曲线和干燥速率曲线的测定方法。
3. 掌握求取恒速阶段干燥速率、临界含水量、平衡含水量的实验分析方法。
4. 加深对物料临界含水量 X_C 的概念及其影响因素的理解。
5. 学习恒速干燥阶段物料与空气之间对流传热系数的测定方法。

【实验原理】

当湿物料与干燥介质相接触时，物料表面的水分开始气化，并向周围介质传递。根据干燥过程中不同时期的特点，干燥过程可分为两个阶段。

第一个阶段为恒速干燥阶段。在过程开始时，由于整个物料的湿含量较大，其内部的水分能迅速地达到物料表面。因此，干燥速率为物料表面上水分的气化速率所控制，故此阶段亦称为表面气化控制阶段。在此阶段，干燥介质传给物料的热量全部用于水分的气化，物料表面的温度维持恒定（等于热空气湿球温度），物料表面处的水蒸气分压也维持恒定，故干燥速率恒定不变。

第二个阶段为降速干燥阶段，当物料被干燥达到临界湿含量后，便进入降速干燥阶段。此时，物料中所含水分较少，水分自物料内部向表面传递的速率低于物料表面水分的气化速率，干燥速率为水分在物料内部的传递速率所控制。故此阶段亦称为内部迁移控制阶段。随着物料湿含量逐渐减少,物料内部水分的迁移速率也逐渐减少,故干燥速率不断下降。

恒速段的干燥速率和临界含水量的影响因素主要有:固体物料的种类和性质;固体物料层的厚度或颗粒大小;空气的温度、湿度和流速;空气与固体物料间的相对运动方式。

恒速段的干燥速率和临界含水量是干燥过程研究和干燥器设计的重要数据。本实验在恒定干燥条件下对物料进行干燥,测定干燥曲线和干燥速率曲线,目的是掌握恒速段干燥速率和临界含水量的测定方法及其影响因素。

1. 干燥速率的测定

$$U = \frac{dW'}{S d\tau} \approx \frac{\Delta W'}{S \Delta \tau} \tag{6-75}$$

式中,U 为干燥速率,$kg/(m^2 \cdot s)$;S 为干燥面积,m^2,(实验时测量);$\Delta \tau$ 为时间间隔,s;$\Delta W'$ 为 $\Delta \tau$ 时间间隔内干燥气化的水分量,kg。

2. 物料干基含水量

$$X = \frac{G' - G'_c}{G'_c} \tag{6-76}$$

式中,X 为物料干基含水量,kg 水/kg 绝干物料;G' 为固体湿物料的质量,kg;G'_c 为绝干物料的质量,kg。

3. 恒速干燥阶段,物料表面与空气之间对流传热系数的测定

$$U_c = \frac{dW'}{S d\tau} = \frac{dQ'}{r_{tw} S d\tau} = \frac{\alpha(t - t_w)}{r_{tw}} \tag{6-77}$$

$$\alpha = \frac{U_c \cdot r_{tw}}{t - t_w} \tag{6-78}$$

式中,α 为恒速干燥阶段物料表面与空气之间的对流传热系数,$W/(m^2 \cdot ℃)$;U_c 为恒速干燥阶段的干燥速率,$kg/(m^2 \cdot s)$;t_w 为干燥器内空气的湿球温度,℃;t 为干燥器内空气的干球温度,℃;r_{tw} 为湿球温度下水的气化潜热,J/kg。

4. 干燥器内空气实际体积流量的计算

(1) 气体的体积流量随温度的变化而变化,实验中所用空气孔板流量计测量的是 20℃ 时空气的体积流量,测量温度 t_0 下空气的真实体积流量还需要进行校正,校正公式:

$$V_{t_0} = V_{20} \sqrt{\frac{\rho_{20}}{\rho_{t_0}}} \tag{6-79}$$

(2) V_{t_0} 是流量计处空气的体积流量,由于空气被加热过程中体积还会膨胀,空气流过干燥器时在干球温度 t 下的体积流量 V 还应在 V_{t_0} 的基础上进一步进行校正:

$$V = V_{t_0} \times \frac{273.15 + t}{273.15 + t_0} \tag{6-80}$$

【实验装置】

1. 设备参数

(1) 离心风机:BYF7122,$W = 370$ W;压力:1.6kPa,最大流量:12 L/min;
(2) 电加热器:额定功率 4.5kW;

(3) 干燥室：180mm×180mm×1250mm；

(4) 干燥物料：硬纸板；

(5) 称重传感器：DY26Z94 型，0~1000 g。

2. 流程图（图 6-15）

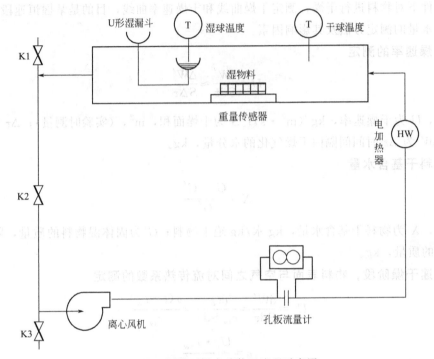

图 6-15　洞道干燥实验装置流程示意图

【实验步骤】

干燥速率曲线测定
实验——实验操作

(1) 开启总电源，打开仪表电源开关，同时打开计算机。

(2) 检查与湿球温度热电偶相连接的 U 形湿漏斗内水量是否充足，如果不足，需补充适量的水，实验过程中需保证洞道内 U 形漏斗中一直有水。将物料支撑架放到重量传感器上，在放置支撑架时务必要轻拿轻放，以免损坏仪表。

(3) 打开阀门 K1、K3，启动风机。

(4) 如需调节空气流量，可适当调整阀门 K1、K3 的开度，将空气流量调节到指定流量；也可采用废气循环流程，适当调整 K1、K2、K3 的开度，将空气流量调节到指定流量。

(5) 在计算机中运行 MCGS，将干球温度设置为自动，设定实验所需干球温度（100℃以下），打开控制柜上加热开关。

(6) 待干燥器内流量和空气的干球温度恒定达 5min，并且支架质量不再变化后，即可开始实验。

(7) 长按控制柜加热开关下方黑色按钮，将支架质量归零。

(8) 从实验室玻璃干燥器内取一块干燥物料（硬纸板），测量其表面积，然后放置在物料支撑架上，读取绝干物料的质量。

(9) 记下绝干物料的质量后,取出干燥物料,并将干燥物料放入水中浸泡。

(10) 干燥物料充分浸泡后,将干燥物料从水中拿出,轻甩物料,去除物料表面所含水分(不可用手拧,否则容易损坏物料),当物料没有水滴自由滴下后,将物料固定在支架上并放到重量传感器上。

(11) 在 MCGS 运行环境中点击开始实验,数据采集可设置为自动采集,每隔 2min 采集一次相关实验数据,实验过程可实时进入数据表查看采集实验数据。直至干燥物料的质量不再明显减轻为止。

(12) 关闭加热开关,待干球温度降至常温后关闭风机开关、仪表电源和总电源。

(13) 将干燥物料从支架上取下,放置于实验室鼓风干燥箱内,实验完毕。

注意:重量传感器的量程为(0~1000g),精度较高。在放置干燥物料时务必要轻拿轻放,以免损坏仪表。

【实验数据记录及处理】

1. 实验数据记录与数据处理

干燥实验数据记录整理表格,见表 6-19。

表 6-19 干燥实验数据记录整理表

实验装置编号:	实验人员:	实验时间:
流量计读数:	流量计处空气温度(室温)t_0:	
干球温度 t:	湿球温度 t_w:	
绝干物料质量 G_c:	干燥面积 S:	洞道截面积:
气化潜 r_{tw}:	α:	

序号	累计时间 t/min	总质量 G_T/g	干基含水量 X	两次记录间的平均含水量 X_{AV}	干燥速率 U/(kg/m² · s)
1					
2					
3					
...					

2. 实验报告要求

(1) 将原始数据及计算结果填入实验数据记录整理表中,并以一组数据为例写出计算的详细过程。

(2) 根据实验结果绘制出干燥曲线、干燥速率曲线。

(3) 确定恒定干燥速率、临界含水量、平衡含水量。

(4) 计算出恒速干燥阶段物料与空气之间的对流传热系数。

(5) 对实验结果进行分析讨论。

【思考题】

(1) 湿物料的平衡水分 X^* 的大小受哪些因素的影响?

(2) 如果空气的干球温度和湿球温度不变,增加风速,干燥速率将如何变化?

(3) 本实验要求得到哪些实验结果？为得到这些结果，要知道哪些物理量？直接测定哪些数据？用什么仪表？

(4) 本实验中，空气的流量是通过什么装置测定的？为什么要进行校正？如何校正？

(5) 本实验中空气的状态是由哪两个参数测定的？

(6) 什么叫临界含水量？临界含水量的大小受哪些因素的影响？

(7) 恒速干燥阶段湿物料表面的温度为多少？为什么？

(8) 为什么要先启动风机，再启动加热器？实验过程中干、湿球温度计是否变化？为什么？如何判断实验已经结束？

第7章 化工原理演示实验

7.1 流体静力学演示实验

【实验目的】

1. 验证不可压缩性流体静力学基本方程。
2. 学习各种类型的 U 形管压差计测量流体静压差的方法。
3. 了解液位计与水封的工作原理。

【实验原理】

流体静力学研究的是流体在外力作用下处于相对静止状态时的力学特性。描述在重力场中静止流体内部静压力变化规律的数学表达式称为流体静力学基本方程,即在重力场中,同一种且静止的不可压缩性流体内部的任意两点之间的压力差为:

$$\Delta p = p_1 - p_2 = \rho g (z_2 - z_1) \tag{7-1}$$

式中,p_1,p_2 分别为 1、2 点对应的压力,Pa;z_1,z_2 分别为 1、2 点对应的距离,m。

流体静力学方程是化工设备压力测量、储罐中液体的液位测量、设备液封等的理论依据。

1. 液位计的工作原理

最简单的液位计是直读式液位计,其主要部件为一根玻璃管,其顶端与被测容器上部的气相连接,其底部与被测容器下部的液相连接。根据静力学基本原理,玻璃管内部的液体与容器内部所盛液体的高度应该一致。

2. U 形管压差计

U 形管压差计是一根 U 形的玻璃管,内部装有与被测流体不相容的液体作为指示液。根据静力学基本方程可知,U 形管压差计两臂的压差为 Δp:

$$\Delta p = p_2 - p_1 = (\rho_A - \rho_B) g R \tag{7-2}$$

式中,p_1,p_2 为 U 形管压差计两臂的压力,Pa;ρ_A,ρ_B 为指示剂与被测流体的密度,kg/m³;R 为 U 形管两侧指示剂液面的高度差,m。

(1) 水-空气 U 形管压差计

水-空气 U 形管压差计利用水作为指示剂来测定空气的压差 Δp,则根据式 (7-1) 有:

$$\Delta p = (\rho_{水} - \rho_{空气})gR \tag{7-3}$$

式中，$\rho_{水}$，$\rho_{空气}$ 分别为水与空气的密度，kg/m^3。

为了读数方便，水-空气 U 形管压差计的标尺上通常直接标识为 U 形管压差计两臂的压力，U 形管压差计两臂液面的读数之差 $\Delta p_{读数}$ 即为 Δp。

(2) 其它指示剂-空气 U 形管压差计

当使用水作为指示剂不能满足精度或量程要求时，可以更换煤油、苯甲醇或汞等介质作为指示剂，此时的实际压差 $\Delta p_{实际}$ 需根据水-空气 U 形管压差计两臂液面的读数之差 $\Delta p_{读数}$ 进行换算求取，换算方法如下：

指示剂的密度为 $\rho_{实际}$，U 形管压差计两侧液面的高度差为 R，则根据式（7-2）有：

$$R = \frac{\Delta p_{读数}}{g(\rho_{水} - \rho_{空气})} = \frac{\Delta p_{实际}}{g(\rho_{实际} - \rho_{空气})}$$

由于 $\rho_{实际}$ 和 $\rho_{水}$ 远大于 $\rho_{空气}$，则

$$\Delta p_{实际} = \frac{\rho_{实际} - \rho_{空气}}{\rho_{水} - \rho_{空气}} \Delta p_{读数} \approx \frac{\rho_{实际}}{\rho_{水}} \Delta p_{读数} \tag{7-4}$$

在工作环境温度为 20℃ 时，若利用密度为 $790 kg/m^3$ 的煤油作为指示剂，根据式（7-4）得：

$$\Delta p_{实际} = \frac{\rho_{煤油}}{\rho_{水}} \Delta p_{读数} = \frac{790}{998.2} \Delta p_{读数} = 0.791 \Delta p_{读数} \tag{7-5}$$

由此可见，利用密度较小的指示剂可以将读数放大。

若利用密度为 $13.59 \times 10^3 kg/m^3$ 的汞作为指示剂时，根据式（7-4）得：

$$\Delta p_{实际} = 13.61 \Delta p_{读数} \tag{7-6}$$

由此可见，利用密度较大的指示剂可以将读数缩小，以增大压差计的量程。

(3) 双液柱式 U 形管压差计

如图 7-1 所示，8，9 为双液柱式压差计。在双液柱式 U 形管压差计的内部除了装有指示剂 A 外，还装有密度小于指示剂 A 的指示剂 C，并且在 U 形管的两臂顶端各装一个直径远大于 U 形管直径的扩大室。由于扩大室的存在，U 形管两臂中指示剂 A 的液面即使有较大的高度差，也能保证两个扩大室内指示剂 C 液面近似等高。

若指示剂 A 为水，指示剂 C 为煤油，则当指示剂 A 在 U 形管两臂的液面高度差为 R 时，此时所测压差 $\Delta p_{实际}$ 为：

$$\Delta p_{实际} = (\rho_{水} - \rho_{煤油})gR \tag{7-7}$$

如果双液柱式 U 形管压差计还使用水-空气 U 形管压差计标尺，则此时的读数为 $\Delta p_{读数}$。根据式（7-3）与式（7-7）

$$R = \frac{\Delta p_{实际}}{(\rho_{水} - \rho_{煤油})g} = \frac{\Delta p_{读数}}{g(\rho_{水} - \rho_{空气})} \tag{7-8}$$

$$\Delta p_{实际} = \frac{\rho_{水} - \rho_{煤油}}{\rho_{水} - \rho_{空气}} \Delta p_{读数} \tag{7-9}$$

则根据式（7-9）得：

$$\Delta p_{实际} = 0.209 \Delta p_{读数} \tag{7-10}$$

若指示剂 A 为汞，指示剂 C 为水时，根据式（7-9）可得：

$$\Delta p_{实际} = \frac{\rho_{Hg} - \rho_{水}}{\rho_{水} - \rho_{空气}} \Delta p_{读数} = 12.59 \Delta p_{读数} \tag{7-11}$$

由式（7-10）与式（7-11）可见，指示剂 A 与 C 的密度越接近，压差计的读数越大，测量的精度越高。

（4）水-空气单管压差计

如图 7-1 所示，12 为单管压差计。单管压差计是将一个玻璃管底部与一个直径远大于玻璃管直径的扩大室相连，其内部装有指示剂，扩大室与玻璃管顶部与测压点相连。当指示剂受压而沿玻璃管内升高时，由于扩大室的截面积远大于玻璃管的截面积，扩大室内指示剂的液面可近似为不动，此时直接读取玻璃管内指示剂的高度便为测压点的压差。

3. 安全液封

如图 7-1 所示，3 为安全液封（也称水封管）。安全液封（或称为水封）是为了保证容器内气体的压力不超过某一规定值，常从容器中引出一管道并插入水槽内，若设备内气体压力 p（表压）超过 $\rho_{水}gh$，则设备气体会从管道排出，从而确保设备安全。

【实验装置】

静力学实验装置如图 7-1 所示，实验装置由循环水槽、循环泵、增减压管、缓冲管组成的压力调节系统和各类型压差计以及安全水封构成。

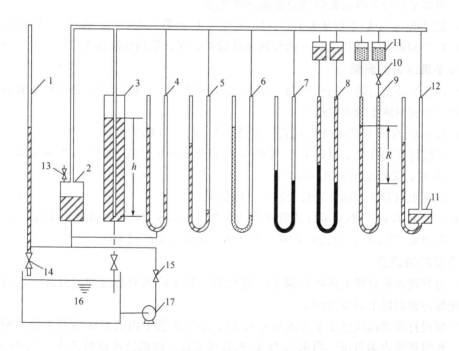

图 7-1 流体静力学演示实验装置流程图

1—增减压管；2—缓冲密封罐；3—水封管；4—液位计；5—水-空气 U 形管压差计；
6—煤油-空气 U 形管压差计；7—汞-空气 U 形管压差计；8—汞-水 U 形双液柱式管压差计；
9—水-煤油 U 形双液柱式管压差计；10—压力切断阀；11—扩大室；12—水-空气单管压差计；
13—放空阀；14—放水阀；15—出口阀；16—循环水槽；17—循环泵

【实验操作】

1. 实验前准备

打开自来水龙头，向循环水槽 16 内注水至水槽高度的 3/4。打开缓冲密封罐 2 上方的放空阀 13，启动循环泵 17，缓慢地打开循环泵出口阀 15，让水注入缓冲密封罐 2 和增减压管 1，当缓冲密封罐 2 内水面上升至罐内高度的 1/2 处时，关闭循环泵出口阀 15。

为防止实验中压力过大导致水-煤油 U 形双液柱式管压差计中指示剂冲出，进行实验前先关闭压力切断阀 10。

水封管 3 中注水至距离管上端 20cm 处。

2. 表压力的测量

（1）关闭缓冲密封罐 2 的放空阀 13，缓慢打开循环泵出口阀 15，此时增减压管 1 内的液面开始升高，各压差计两液面间的高度差也开始增大，当煤油-空气 U 形管压差计内的液面差达到 7000Pa 左右时，关闭循环泵出口阀 15。

（2）由于增减压管 1 的上端和液位计 4 的左臂都与大气相通，所以液位计 4 左臂的液面应该与增减压管 1 的液面相平齐。增减压管 1 的下端与液位计 4 以及缓冲密封罐 2 相连，因此液位计 4 右臂的液面与缓冲密封罐 2 的液面相平齐，即液位计 4 右臂的液面位置反映出缓冲密封罐 2 的液位高低。

（3）观察水封管 3 内部玻璃管的液面下降情况。

（4）记录水-空气 U 形管压差计 5、煤油-空气 U 形管压差计 6、汞-空气 U 形管压差计 7、汞-水 U 形双液柱式管压差计 8 两臂液面读数差，并计算出实际压差。

3. 微小表压力的测量

（1）打开缓冲密封罐 2 的放空阀 13，使增减压管 1 的液面与缓冲密封罐 2 的液面相平齐，关闭缓冲密封罐上的放空阀 13。

（2）打开水-煤油 U 形双液柱式管压差计 9 上的压力切断阀 10。

（3）缓慢打开循环泵出口阀 15，当水-煤油 U 形双液柱式管压差计 9 内两液面读数差为 8000Pa 左右时，关闭循环泵出口阀 15。

（4）观察水封管 3 内部玻璃管的液面下降情况。

（5）记录水-煤油 U 形双液柱式管压差计 9 两臂液面读数差，并计算出实际压差。

（6）关闭水-煤油 U 形双液柱式管压差计 9 上的压力切断阀 10。

4. 真空度的测量

（1）打开缓冲密封罐上的放空阀 13，使增减压管 1 的液面与缓冲密封罐 2 的液面相平齐，关闭缓冲密封罐上的放空阀 13。

（2）缓慢打开增减压管 1 下方的放水阀 14，增减压管 1 内的液面将低于缓冲密封罐内的液面，此时系统内为负压。当水-空气 U 形管压差计 5 内的液面读数差为 1000Pa 左右时，关闭放水阀 14。

（3）观察水封管 3 内部玻璃管的液面上升情况。

（4）记录水-空气 U 形双液柱式管压差计 4 两臂液面高度差，并计算出实际真空度。

5. 设备停车

关闭循环泵出口阀 15，关闭循环泵 17。打开缓冲密封罐上的放空阀 13 与增减压管 1 下方的放水阀 14，将增减压管和缓冲密封罐内的水放尽。

7.2 伯努利演示实验

【实验目的】

1. 观察和测试不同流量下流体流经不同位置（管径、高度）稳定界面时压力的变化情况。
2. 观察和测试不同流量下流体流经不稳定界面（突扩、突缩）时压力的变化情况。
3. 观察流体在流动过程中的能量损失现象。
4. 加深对各种形式机械能（动能、位能、静压能）间能量转换概念的理解，在此基础上理解伯努利方程。
5. 了解测压点的布置方案及其几何结构对压力示值的影响。

【实验原理】

流体在流动中具有动能、位能、静压能三种机械能，这三种能量可以相互转换，当流体管路的位置高低、管径大小等管路条件发生改变时，三种能量便会发生相互转换。

对于实际流体，因为存在内摩擦，流体在流动过程中会有一部分机械能因摩擦和碰撞转化为热能而损失，因此管路任意两截面上的机械能总和是不相等的，两者之差即为能量损失。

流体在管内做稳定流动，且无外功加入时，流体在管路两截面 1-1 和 2-2 的机械能衡算式的表达式为：

$$gz_1 + \frac{p_1}{\rho} + \frac{u_1^2}{2} = gz_2 + \frac{p_2}{\rho} + \frac{u_2^2}{2} + \sum h_f \tag{7-12}$$

式中，gz 为每千克流体具有的位能，J/kg；$u^2/2$ 为每千克流体具有的动能，J/kg；p/ρ 为每千克流体具有的静压能，J/kg；$\sum h_f$ 为每千克流体在流动过程中的机械能损失，J/kg。

式（7-12）即为著名的伯努利方程，截面各点的静压力可直接由实验装置中测压管内的水柱高度测得，从而可分析管路中任意两截面由于位置高低、管径大小及两截面之间的阻力所引起的静压力变化。

根据伯努利方程观察任意两测压点的压力变化情况，对比实际情况进行分析。在分析过程中区别压差与玻璃测压管中液面差之间的区别。

【实验装置】

伯努利实验装置如图 7-2 所示。

如图 7-2 所示，伯努利实验装置是由循环泵、转子流量计、有机玻璃管路、循环水池、溢流管和实验面板组成。管路上设置有进出口阀门、旁路调节阀门和测压玻璃管，管路中共设置 23 个测压点。

在 Φ40mm 管的突扩和突缩处设置有两个排气点，在 Φ40mm 管下设置有放净口。

有机玻璃管规格：两端 Φ20mm×2.5mm，中间 Φ40mm×5mm。

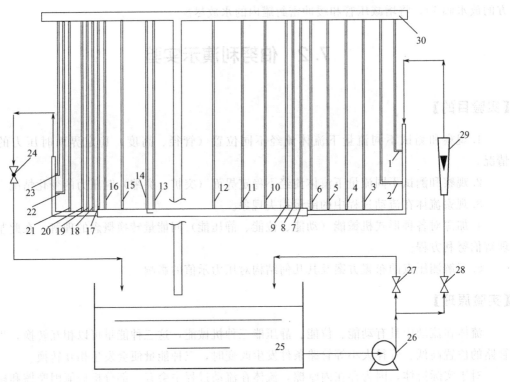

图 7-2 伯努利实验装置流程图

1~23—测压管；24—出口阀；25—循环水池；26—循环泵；27—旁路阀；28—进口阀；29—转子流量计；30—溢流管

【实验操作】

1. 检查循环水池 25，保证水池内无杂物；打开自来水龙头，向循环水池内注水至水池高度的 3/4。

2. 打开旁路阀 27，保持进口阀 28 和出口阀 24 处于关闭状态，启动泵。

3. 排气：全开进口阀 28，使水从各测压点玻璃管流至溢流管后返回循环水池，排净管路中的空气；然后，开出口阀 24，排净主管中的空气（排气过程可以关小、开大阀门，反复进行，直到完全排出空气为止）。

4. 逐渐调节旁路阀 27，调节水流量，当调到合适水流量时，进行现象观察。本实验进行大流量和小流量两种情况演示。大流量以第 1 个测压管内液面接近最大，小流量则以第 23 个测压管内液面接近最低。

5. 观察实验现象。

同一流速下现象观察分析：

(1) 由上向下流动现象（1-2 点）；

(2) 水平流动现象（3-4-5-6，10-11-12-13-15 点）；

(3) 突然扩大旋涡区压力分布情况（6-7-8-9-10 点）；

(4) 毕托管工作原理（13-14 点）；

(5) 突然缩小的缩脉流区压力分布情况（16-17-18-19-20 点）；

(6) 由下向上流动情况（21-22-23 点）；

● 130   化工原理实验

(7) 直管阻力测定原理（1-2 点，4-5-6 点，20-21 点，22-23 点等）；

(8) 局部阻力测定原理（2-3 点和 21-22 点的弯头测定原理，6-9 点突扩和 16-19 点的突缩测定原理）。

阀门调节现象观察：

(1) 分别关小进口阀、出口阀、回路阀观察各点静压力的变化情况；

(2) 关小进口阀并开大出口阀（或关小出口阀并开大进口阀）维持流量与阀门改变前后相同，观察各点静压力的变化情况；

(3) 转子流量计现象观察：结构、原理、安装；

(4) 除注意由于位能、动能转化为静压能、摩擦损失引起的静压示值变化外，还可观察由于引射、局部速度分布异常而引起的示值异常，了解测压点的布置以及相对压力示值的可能影响。

6. 关闭循环泵 26，将装置内水排空，结束实验。

7.3 雷诺演示实验

【实验目的】

1. 观察流体质点在层流、湍流两种不同流动型态下的运动方式。
2. 观察流体做层流流动时的速度分布。
3. 观测流动型态与雷诺数之间的关系，找出层流、湍流所对应的雷诺数范围。
4. 学习雷诺数的测定与计算。

【实验原理】

黏性流体流动时具有两种不同的型态，即层流（滞流）和湍流（紊流）。流体作层流流动时，黏性力起主导作用，流体质点沿着流动方向分层流动，各流体层的质点之间互不掺混。流体做湍流流动时，质点除了沿水流方向流动外，还在其他方向上发生无规则脉动，流体中出现旋涡，各流体层的质点之间相互掺混和碰撞。

流体流动的型态与流体的密度、黏度、流动的特征速度和流场的特征尺寸有关，通过量纲分析可以将这 4 个物理量组合成一个量纲为 1 的数，即雷诺数（Re），来判断流动型态。具体到流体在圆形直管内流动时，雷诺数的表达式如下：

$$Re = \frac{\rho d u}{\mu} \tag{7-13}$$

式中，d 为管道内径，m；ρ 为流体密度，kg/m³；u 为流体流速，m/s；μ 为流体黏度，Pa·s。

通常条件下，流体在直圆管内流动时，当 Re 小于 2000 时，流体做层流流动；当 Re 大于 4000 时，流体做湍流流动。Re 在 2000 至 4000 之间，流体可能是湍流，也可能是层流，或者是两者交替出现，此刻流体的流型由实验时的外部条件决定，例如管壁的粗糙程度、周围环境的震动干扰、流体进入管道前的初始扰动等，该区域称为过渡区。

【实验装置】

雷诺实验装置如图 7-3 所示。

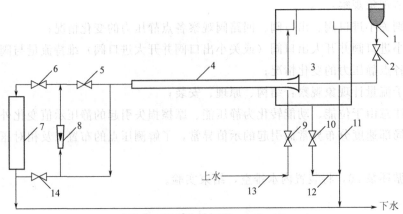

图 7-3 雷诺实验装置流程图

1—示踪剂瓶；2—示踪剂调节阀；3—溢流槽；4—有机玻璃管；5—排气阀；6—流量调节阀；7—缓冲管；8—转子流量计；9—进水阀；10—放净管阀；11—溢流管；12—放净管；13—进水管；14—排净阀

自来水由进水管 13 注入溢流槽 3 中，当溢流槽内液位高于溢流堰时水从溢流管 11 流出，从而保证溢流水槽内液位恒定。溢流槽外部有一示踪剂瓶 1，示踪剂瓶 1 与带有长针头的导管连接，导管的长针头插入有机玻璃管 4 的喇叭口中心。示踪剂瓶 1 中的示踪剂（通常为红墨水）经导管随水流进入有机玻璃管 4 内部，管内的水流量可由下游的转子流量计 8 和流量调节阀 6 测定和调节。

有机玻璃管长 1200mm，内径为 25mm。

【实验操作】

(1) 检查装置所有阀门处于关闭状态。

(2) 将作为示踪剂的红墨水加入示踪剂瓶 1 中。

(3) 打开进水阀 9 向溢流槽 3 注水，当溢流槽 3 内的液面高于溢流堰并开始溢流时，调节进水阀 9 至仅有少量水能从溢流堰溢流，以保持液面稳定（整个实验过程都需满足该要求）。

(4) 全开排气阀 5 和流量调节阀 6，排出管路内的气体。管路气体排净后，关闭排气阀 5 和流量调节阀 6。

(5) 使用温度计测量水温，并记录。

(6) 微开流量调节阀 6，仔细调节示踪剂调节阀 2，使红墨水的注入流速略低于有机玻璃管 4 内的水流速度。若从针头中流出的红墨水像一根拉直的细红线沿着有机玻璃管 4 的轴线流动，则说明水中的质点只是沿着轴向流动，无径向运动，各层之间的质点没有发生掺混，那么此刻的流型就为层流。若无此现象则关小流量调节阀 6，直至看到细红线为止。记录转子流量计 8 的读数，计算此刻的雷诺数 Re，记录红墨水线的形态。

(7) 在有机玻璃管 4 内的水呈层流流动时，用手堵住流量调节阀 6 后管路的出口，待到有机玻璃管的喇叭口累积流入大量红墨水时，突然松开手，让红墨水随水流一起运动，此时便可观察到红墨水团的前端界限会形成一旋转抛物面，这与"流体在圆管内做层流流动时的速度分布为旋转抛物面，管中心速度最大"的结论一致。

（8）逐渐增大流量调节阀 6 开度，使有机玻璃管 4 内水的流速增大，当在有机玻璃管 4 轴线上流动的红墨水线开始弯曲，出现不稳定的上下波动，表明流动处于从层流到湍流的过渡区。记录转子流量计 8 的读数，计算此刻的雷诺数 Re，记录红墨水线的形态。

（9）继续增大流量调节阀 6 开度，红墨水线散开，可观察到出现许多小旋涡，红墨水最终呈烟雾状分散在整个有机玻璃管中，与主体水流完全掺混在一起，使整个管内水流染成红色。此时管内水已经在做湍流流动。记录转子流量计 8 的读数，计算此刻的雷诺数 Re，记录红墨水线的形态。

（10）关闭示踪剂调节阀 2 和进水阀 9，全开排气阀 5、流量调节阀 6、放净管阀 10 以及排净阀 14，将装置内水排空，结束实验。

7.4 流线（轨线）演示实验

【实验目的】

1. 了解流线与轨线的概念。
2. 观察实际流体的流动图像，加深对流体运动规律的认识。
3. 观察流体绕流不同形状的物体产生的边界层分离现象，并比较边界层分离点位置和涡流的强度。

【实验原理】

1. 轨线与流线

流体力学的研究中通常采用以下两种方法来描述流体的运动：

（1）拉格朗日方法：研究流场中每个质点运动参数（如位置、速度等）随时间变化规律，即沿着流体质点的运动轨迹进行跟踪研究。把流体质点在空间运动时所描绘出来的曲线称为轨线。

（2）欧拉方法：研究流体通过流场中每一个空间点时运动参数随时间的变化规律，即固定某个空间位置观察由此流过的质点。若某一时刻，流场中某一条曲线上任意一点切线方向与速度方向相同，则该曲线便为流场的一条流线。

拉格朗日方法和欧拉方法是从不同方法描述流体在同一流场中的流动现象，两种方法所得结果是相同的。一般在稳态流场中，轨线与流线是重合的，而非稳态流场中则不重合。

为了能观察到流体在流场中实时的流动情况，研究中常使用示踪法和光学法。在本实验中，利用水力喷射泵吸入的空气泡作为示踪剂，来观察流体在流场中的流动情况。

2. 边界层分离

实际流体在固体壁面流动的 Re 足够大时，紧贴在壁面附近存在着一层速度梯度大、黏性力不能忽略、厚度很薄的区域，即边界层。但是当流体绕流非流线形固体壁面时，有可能在壁面上某个位置出现与主流方向相反的回流，边界层脱离固体壁面，这一现象称为边界层分离。发生边界层分离后,在分离点下游会出现一个尾涡区,尾涡区内的旋涡不断地消耗机械能,其内部的压力也随之降低,造成固体壁面在边界层分离点前后产生压力差,形成压差阻力,即形状阻力。

本实验比较水流通过不同的形状的固体(管件、仪表和换热器内件的模型)时产生尾流区的大小以及分离点的位置。

【实验装置】

实验装置如图7-4所示,循环水泵2将水从水槽1抽出,经流量调节阀3送入水力喷射泵5。水流通过水力喷射泵5的喉部时,吸入空气形成带有小气泡的气液混合物。气液混合物由流线演示板6底部进入,从顶部流出后再进入溢流水槽8进行气液分离,最后水经溢流回水管9流回水槽1。装置有5块流线演示板6,演示板的内容分别为Ⅰ——突缩、突扩与转子流量计;Ⅱ——孔板和文丘里管;Ⅲ——圆形与流线形;Ⅳ——管壳式换热器圆缺形与圆环形折流挡板;Ⅴ——管壳式换热器换热管正三角形排列和正方形排列。

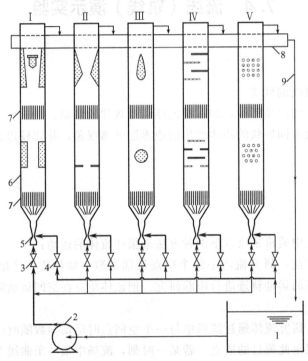

图7-4 流线(轨线)实验装置流程图

1—水槽;2—循环水泵;3—流量调节阀;4—进气阀;5—水力喷射泵;
6—流线演示板;7—导流条;8—溢流水槽;9—溢流回水管

【实验操作】

(1)关闭所有的阀门。

(2)启动循环水泵2,调节各流线演示板6的流量调节阀3,使水流在导流条7处均匀分布。

(3)调节各流线演示板6的进气阀4,使从导流条7流出的气泡分布均匀,大小合适。

（4）观察水流过流线演示板 6Ⅰ中的突缩和突扩处尾流区的位置与大小，并作比较；观察转子流量计的转子后的尾流区。

（5）观察水流过流线演示板 6Ⅱ中的孔板的尾流区的位置与大小；观察水通过文丘里流量计的流线。

（6）观察水流过流线演示板 6Ⅲ中的球后的尾流区，调节流量调节阀 3，观察卡门涡街现象；观察水通过流线形的流线。

（7）观察水流过流线演示板 6Ⅳ中的换热器圆环形挡板和圆缺形挡板时的尾流区，并作比较。

（8）观察水流过流线演示板 6Ⅴ中的换热器正三角叉排管束和正三角形顺排管束的尾流区，并做比较。

（9）关闭各流线演示板 6 的进气阀 4，关闭各流线演示板 6 的流量调节阀 3，关闭水泵电源。

7.5 非均相分离演示实验

【实验目的】

1. 熟悉重力沉降和离心沉降的基本原理和操作方法。
2. 了解星形进料器、重力降尘室、惯性除尘室、旋风分离器及袋滤器的结构和工作原理。
3. 观察气固两相通过降尘室、除尘室、旋风分离器、袋滤器时，含尘气体、固体尘粒和气体的运动路线。
4. 定性观察不同风速下物料分离效果及旋风分离器的压降变化情况。
5. 了解孔板流量计的结构及工作原理。

【实验原理】

对于气固非均相物系，由于其连续相（气体）和分散相（尘粒）具有不同的物理性质（如密度、黏度等），且性质相差巨大，因此一般可用机械分离方法将它们分离。要实现这种分离，必须使分散相和连续相之间发生相对运动，因此，机械分离操作遵循流体力学的基本规律。根据两相运动方式的不同，机械分离分为沉降和过滤两种方式。

根据作用力不同，沉降又分为重力沉降、惯性沉降、离心沉降、惯性离心力沉降等，不同的方法对应不同的操作设备。本实验装置的降尘室属于重力沉降，除尘室属于惯性沉降，旋风分离器属于离心力沉降。

重力沉降室是最简单的除尘设备，主要由室体、进气口、出气口和集灰斗组成。含尘气体进入室体内，因流动截面积的扩大而使气体流速降低，较大尘粒由于自身重力作用自然沉降而被捕集下来。重力沉降器结构简单、造价低、施工容易、维护管理方便、阻力小，可处理较高温气体，适用于捕集密度大、粒度大于 $50\mu m$ 的粉尘，特别是对设备磨损严重的粉尘；通常作为多级除尘系统中的预除尘器使用。

旋风分离器是利用惯性离心力的作用从气流中分离出固体尘粒的设备。其上部为圆筒形，下部为圆锥形，各部位比例与圆筒直径成一定比例。含尘气体由圆筒上部的进气管切向进入，受器壁的约束由上而下作螺旋运动。在惯性离心力的作用下，尘粒被抛向器壁，再沿壁面落至锥底的集灰斗而与气流分离。气流到达底部后反转方向，在中心轴附近由下而上作螺旋运动，净化后的气体由顶部排出。旋风分离器结构简单，造价低廉，没有活动部件，操作范围广，分离效率高，一般可除去 $5\mu m$ 以上的尘粒，但不适合处理含有大量或大直径颗粒的体系，一般在此前需要惯性分离器或降尘室预处理。

袋滤器是利用含尘气体穿过做成袋状而支撑在适当骨架上的滤布，以滤除气体中的尘粒的设备。袋滤器除尘效率高，可根据选用过滤介质（滤布或滤网）的目数决定可过滤的尘粒大小，常用在旋风分离器后作为末级除尘设备。根据推动力不同，过滤分离又分为重力过滤、压差力过滤、离心力过滤等方法，对于气固相一般用压差力过滤。压差力过滤又有正压过滤和负压抽滤两种，本实验采用负压抽滤方式，采用工业上最常用的反吹式袋滤器设备。

【实验装置】

1. 非均相分离实验装置（图 7-5）

固体尘粒加入到原料仓 1，通过旋转星形进料器 2 调节固体尘粒的加入量，固体尘粒首先被气流带入到重力沉降室 3，然后一部分物料由于惯性的作用到达惯性降尘室 4，大部分物料进入旋风分离器 5，最后到袋滤器 7，固体尘粒收集到各除尘设备下方的灰斗内。风量可通过气量调节阀 10 进行调节。

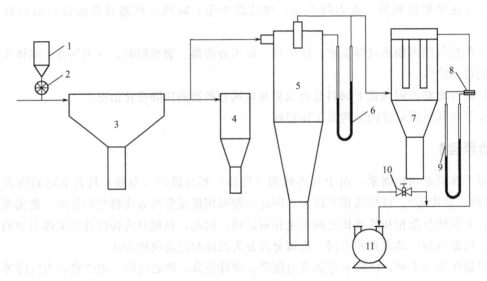

图 7-5 非均相分离实验装置流程图
1—原料仓；2—星形进料器；3—重力沉降室；4—惯性降尘室；5—旋风分离器；
6—旋分压差计；7—袋滤器；8—孔板流量计；9—孔板压差计；10—气量调节阀；11—风机

2. 主要设备及仪表规格

(1) 原料仓：有机玻璃 $\Phi 80mm \times 5mm \times 85mm$；
(2) 星形进料器：有机玻璃 $\Phi 50mm \times 5mm \times 29mm$，8 叶片；
(3) 重力沉降室：有机玻璃 $\Phi 200mm \times 150mm \times 50mm$，灰斗 $\Phi 50mm \times 5mm \times 120mm$；
(4) 惯性降尘室：有机玻璃 $\Phi 100mm \times 5mm \times 250mm$，灰斗 $\Phi 50mm \times 5mm \times 120mm$；

(5) 旋风分离器：有机玻璃 $\Phi 150mm \times 5mm \times 500mm$，灰斗 $\Phi 50mm \times 5mm \times 120mm$；

(6) 袋滤器：有机玻璃，矩形室 $100mm \times 100mm \times 210mm$，灰斗 $\Phi 50mm \times 5mm \times 120mm$；

(7) 连接管：有机玻璃圆管 $\Phi 50mm \times 4mm$，有机玻璃方管 40×70；

(8) 孔板流量计：标准孔板，环隙取压，$m = (26.56/42)^2 = 0.4$，$C_0 = 0.66$；

(9) 风机：旋涡气泵，850 W，16kPa，145m³/h。

【实验操作】

(1) 全开气调节阀 10。

(2) 启动风机 11，检查风机的正反转，缓缓关闭气量调节阀 10。

(3) 在原料仓 1 中加入一定量的小米、玉米丝等不同粒径的固体混合物，转动星形进料器 2 加入固体物料，观察重力沉降室 3、惯性降尘室 4、旋风分离器 5、袋滤器 7 内的情况。

(4) 调节不同风量，观察不同分离器内的分离情况。

(5) 观察不同风量下旋风分离器的压降情况。

(6) 按一定原料比例进行分离后，拆卸下四个灰斗，分别倒出尘粒，观察尘粒大小并记重，分别计算出重力沉降室、惯性降尘室、旋风分离器、袋滤器的分离效率。

(7) 最后，全开气量调节阀，关闭风机。

7.6 二维流化床演示实验

【实验目的】

1. 了解流化床设备的构造及固体流态化的基本原理。
2. 了解床层流态化过程的几个阶段，即：固定床-流化床（沸腾床）-颗粒输送。
3. 观察聚式和散式流化现象。
4. 观察流体通过固定床及流化床时的流体力学特性。

【实验原理】

将固体颗粒均匀地堆放在多孔支撑板的容器内，形成一定厚度的床层，当其与自下而上的气体或液体相接触，在流体的作用下，使床层颗粒出现具有类似于流体的某些表观性质，称为固体流态化。

流体自下而上通过颗粒床层，当流体的真实速度小于颗粒的沉降速度时，此种床层称为固体床。若流体速度增加，颗粒会彼此离开而在流体中活动，流速愈大，活动愈剧烈，并在床层内各处各方向运动，此时流体的真实速度等于颗粒的沉降速度，此状态的床层称为流化床。随着流体速度的持续增加，当流体的真实速度大于颗粒的沉降速度时，便到了颗粒输送阶段。

对于气固系统的流态化，气体和粒子密度相差大或粒子大时气体流动速度必然比较高，在这种情况下流态化是不平稳的，流体通过床层时主要是呈大气泡形态，由于这些气泡上升和破裂，床层界面波动不定，更看不到清晰的上界面，这种气固系统的流态化称为聚式流态化。

对于液固系统的流态化，液体和粒子密度相差不大或粒子小、液体流动速度低的情况下，各粒子的运动以相对比较一致的路程通过床层面形成比较平稳的流动，且有相当稳定的上界面，由于固体颗粒均匀地分散在液体中，通常称这种流化状态为散式流态化。

借助流态化状态去完成某种处理过程的技术，即为流态化技术。固体流态化技术在催化裂化、催化合成、催化反应、颗粒状物料的加热、干燥、混合、输送及吸附等单元操作中得到了日益广泛的应用。

【实验装置】

1. 二维流化床实验装置（图 7-6）

实验装置流程如图 7-6 所示。主要为两个截面积 (150×20) mm^2，工作段高度为 450mm 的透明有机玻璃二维床 6 和 12；分为液、气两路系统，左边为液路系统，右边为气路系统。内装 120～140mm 高的直径为 0.5mm 的玻璃珠。床下部装有多孔支撑板，板上附有 100 目网，床层下部是整流扩散管，流体（水或空气）经循环泵 8 或气泵 1，经转子流量计后进入床层，水从床层上部溢出经回水管返回循环水槽 7，空气经床层顶部排入大气。

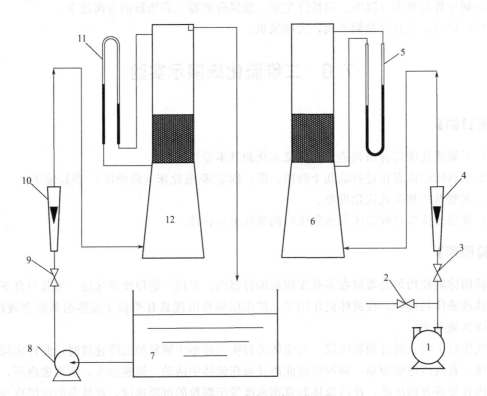

图 7-6 二维流化床实验装置流程图

1—旋涡气泵；2—气体旁路调节阀；3—进气阀；4—气体转子流量计；5—U 形管压差计；
6—气固流化床；7—循环水槽；8—磁力循环泵；9—进水阀；10—液体转子流量计；
11—倒 U 形管压差计；12—液固流化床

2. 主要设备及仪表规格

(1) 磁力循环泵：流量 7 L/min，扬程 4m，功率 15 W；型号 MP-20RZM；

(2) U 形管压差计：±2000，铝合金底板；

(3) 倒 U 形管压差计：±2000，铝合金底板；

(4) 旋涡气泵：风压 6kPa，120 W；

(5) 气体转子流量计：1～10m³/h，有机玻璃；

(6) 液体转子流量计：0.5～4 L/min，有机玻璃；

(7) 水箱：60 L，400mm×320mm×400mm；

(8) 气固流化床：截面积 150mm×20mm，工作段高度 450mm，有机玻璃；

(9) 液固流化床：截面积 150mm×20mm，工作段高度 450mm，有机玻璃。

【实验操作】

1. 气固系统流态化——聚式流态化

(1) 检查装置所有阀门处于关闭状态。

(2) 检查并调整 U 形管压差计 5 管内水位。

(3) 全开气体旁路调节阀 2，启动旋涡气泵 1。

(4) 缓缓打开进气阀 3（如气量不够，可根据需要逐渐关小气体旁路调节阀 2），观察气固床内颗粒的运动情况，观察床层颗粒由固定床状态到流态化的实验现象；同时观察不同风量下床层的压降情况，分析固定床与流化床的流体力学特征。

(5) 观察流态化操作时，床层内气泡的积聚情况，床内颗粒的运动情况，观察气固上界面情况，床层膨胀高度随流量的变化情况等，深入理解聚式流态化。

(6) 关闭旋涡气泵 1，关闭进气阀 3，结束实验。

2. 液固系统流态化——散式流态化

(1) 检查循环水槽 7，保证水槽内无杂物；打开自来水龙头，向循环水槽内注水至水槽高度的 3/4。

(2) 检查进水阀 9 处于关闭状态。

(3) 启动磁力循环泵 8，缓慢打开进水阀 9，小流量下将流化床内注满水，并对倒 U 形管压差计 11 进行排气。

(4) 逐渐开大进水阀 9，观察床层颗粒由固定床状态到流态化的实验现象；同时观察不同水流量下床层的压降情况，分析固定床与流化床的流体力学特征。

(5) 观察流化状态时，床内颗粒的随机运动情况；观察液固稳定的上界面实验现象，床层膨胀高度随流量的变化情况。

(6) 关闭进水阀 9，关闭磁力循环泵 8，结束实验。

3. 通过气固流态化与液固流态化实验，深刻理解聚式流化与散式流化现象

7.7 冷模塔演示实验

【实验目的】

1. 了解塔设备的基本结构和塔板（筛孔板、浮阀板、泡罩板、固舌板）的基本结构。

2. 观察气、液两相在不同类型塔板上气液的流动与接触状况，观察塔内正常与几种不正常的操作现象，并进行塔板压降的测量。

3. 加深对板式塔流体力学性能的理解。

【实验原理】

板式塔是一种重要的气液接触传质设备，在精馏和吸收操作中应用非常广泛。塔板作为板式塔的核心部件决定了塔的基本性能。为了有效实现气、液两相之间的物质传递和热量传递，塔板必须具有较大的气液接触面积，而且接触面积应不断更新，以增加传质、传热的推动力；还应保证气液逆流流动，防止返混和气液短路。

塔靠自下而上的气体和自上而下的液体在塔板上流动时进行接触而达到传质和传热的目的，因此，塔板的传质、传热性能的好坏主要取决于板上的气、液两相流体力学状态。当气体的速度较低时，气、液两相呈鼓泡接触状态，塔板上存在明显的清液层，气体以气泡形态分散在清液层中间，气、液两相在气泡表面进行传质。当气体速度较高时，气、液两相呈泡沫接触状态，此时塔板上清液层明显变薄，只有在塔板表面才能看到清液，清液层随气速增加而减少，塔板上存在大量泡沫，液体主要以不断更新的液膜形态存在于十分密集的泡沫之间，气、液两相在液膜表面进行传质。当气体速度很高时，气、液两相呈喷射接触状态，液体以不断更新的液滴形态分散在气相中间，气、液两相在液滴表面进行传质。

在板式塔操作过程中，塔内要维持正常的气液负荷，避免发生漏液、雾沫夹带、液泛等不正常操作状况。

当上升的气体速度很低时，气体通过塔板升气孔的动压不足以阻止塔板上液层的重力，液体将从塔板的开孔处往下漏而出现漏液现象。当上升的气体穿过塔板液层时，将塔板上的液滴裹挟到上一层塔板引起液相返混的现象称为雾沫夹带。当塔内气、液两相之一的流量增大，使降液管内液体不能顺利流下，降液管内液体积累，当管内液体提高到越过溢流堰顶部时，两板间液体相连，并依次上升，这种现象称为液泛，也称淹塔。此时，塔板压降上升，全塔操作被破坏。

塔板的设计应力求结构简单、传质效果好、气液通过能力大、压降低、操作弹性大。

【实验装置】

冷模塔实验装置如图 7-7 所示。

自来水由上水管注入循环水槽 1 中，经循环水泵 2 升压，转子流量计 4 计量后进入塔顶，在塔中与空气逆向接触后，流入塔底的循环水槽，水流量由调节阀 3 调节；空气经旋涡气泵 19 升压，经转子流量计 17 后，进入塔底，穿过各塔板并与塔板上的水接触，最后经塔顶除沫器后放空，空气流量由旁路调节阀 18 调节。

冷模塔主体材质为有机玻璃，规格 $\Phi 150mm \times 5mm$，自上而下装有筛孔板、浮阀板、泡罩板和固舌板四种类型的塔板，塔板间距为 150mm，各塔板均设有弓形降液管。其中：

筛孔板：板上有 67 个 $\Phi 4mm$ 圆孔，呈等腰三角形排列，开孔率 5.5%。

浮阀板：装有 2 个标准 F 型不锈钢浮阀，升气孔径 $\Phi 39mm$，阀重 33g，浮阀的最小开度为 2.5mm，最大开度为 8.5mm。

泡罩板：装有 $\Phi 50mm \times 3mm$ 泡罩两个，泡罩开有 $15mm \times 3mm$ 气缝 30 条。

固舌板：板上有五个舌形开孔，喷出角为 20°，气液流向一致，可减少液面落差和避免

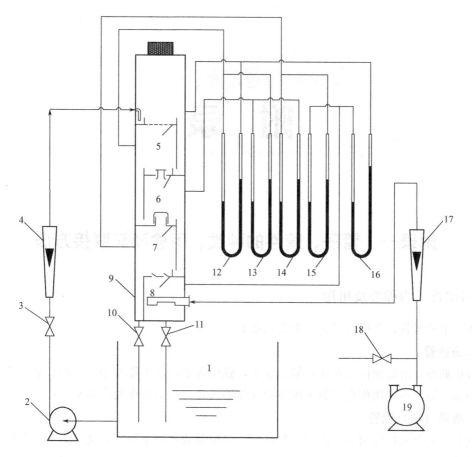

图 7-7 冷模塔实验装置流程图

1—循环水槽;2—循环水泵;3—水流量调节阀;4—水转子流量计;5—筛孔板;6—浮阀板;7—泡罩板;8—固舌板;9—冷模塔;10—塔底放净阀;11—塔底液封阀;12—筛孔板压差计;13—浮阀板压差计;14—泡罩板压差计;15—固舌板压差计;16—全塔压差计;17—气体转子流量计;18—气体旁路调节阀;19—旋涡气泵

板上液体"返混",舌形板不设溢流堰。

各板均有引压管,采用 U 形管压差计测量各单板和全塔压降。

【实验操作】

(1) 检查循环水槽 1,保证水槽内无杂物;打开自来水龙头,向循环水槽内注水至水槽高度的 3/4。

(2) 全关水流量调节阀 3,启动循环水泵 2,打开调节阀调节水流量到合适值。

(3) 全开气体旁路调节阀 18,启动旋涡气泵 19,实验过程中可通过逐步关闭气体旁路调节阀 18 增大气量,观察各板操作状况。

(4) 气体流量从小到大调节的过程,可分别观察到漏液、气液接触不理想、正常操作、雾沫夹带、液泛等实验现象。

(5) 实验过程也可将空气流量调节到合适值,通过改变水流量,观察上述实验现象。

(6) 分别关闭水流量调节阀 3、循环水泵 2、旋涡气泵 19,结束实验。

附　录

附录一　管子、管件的种类、用途及其联接方法

一、常用管子的种类及用途

按管子的材料，常用管子的分类大致如下：

1. 铸铁管

价格低廉，耐腐蚀性比钢强，但是笨重，强度较差，常用作埋于地下的给水总管、煤气管及污水管等，不宜用作有毒的或爆炸性气体输送管，也不宜作为高温蒸汽管。

2. 普通（碳）钢管

这是目前化工厂应用最广泛的一种管子。根据制造方法不同，它又分为焊接钢管及无缝钢管两种。

（1）焊接钢管

又叫水煤气管，因为它常用于水、暖气、煤气、压缩空气及真空管路，当然也可输送其他无腐蚀性、不易燃烧的流体。根据承受压力大小的不同，水煤气管有普通级【极限工作压力为 $1.013×10^6$ Pa（表压）】和加强级【极限工作压力为 $1.621×10^6$ Pa（表压）】两种。根据它是否镀锌，水煤气管又分为两种，镀了锌的俗称"镀锌钢管"，没有镀锌的俗称"黑铁管"。它们的供应长度一般为 4~9m，公称直径 2in（1in＝2.54cm）以下的这种管子常采用螺纹联接，管子两头车有螺纹。水煤气管的品种规格可参看有关资料。公称直径也叫名义直径，不是管子的真实内径或外径。

通常极限工作压力是对 0~120℃ 温度范围而言的，如果温度升高，所能承受的极限工作压力将相应降低。例如 121~300℃ 时，极限工作压力只有 0~120℃ 时的 80%，301~400℃ 时，只有 64%。

（2）无缝钢管

又分为冷拔管及热轧管两种，多用于高压、高温（435℃以下）且无腐蚀性的流体输送。它的规格用外径×壁厚表示，例如 $Φ40mm×3.5mm$。

3. 合金钢管

主要用于温度极高（可达950℃）的场合或腐蚀性强烈的流体，合金钢管种类很多，其中以镍铬不锈钢应用最为广泛。

4. 紫铜管与黄铜管

性软，质轻，导热性好，低温下冲击韧性高，宜作为热交换器管子及低温下管子（但不能输送氨、二氧化碳等）。黄铜管可以处理海水，紫铜管常用于传递有压力的液体（作为压力传递管）。

5. 铅管

性软，易于锻制、焊接，机械强度差，能抗硫酸以及10%以下的盐酸，最高允许温度为140℃，多用于硫酸工业。

6. 铝管

能耐酸腐蚀，但不能耐碱腐蚀，多用于输送浓硝酸、蚁酸、醋酸等。

7. 陶瓷管

能耐酸碱，但性脆、强度低、不耐压，多用作腐蚀性污水的管道。

8. 塑料管

种类很多，总的特点是质轻，抗蚀性好，加工容易，可任意弯曲或延伸，但耐热性及耐寒性都差，耐压性也不够好，可用于低压下常温酸碱液的输送。但是，随着塑胶性能的改进，塑料管有取代金属管的可能。

二、常用管件的种类及用途

管件主要用来连接管子，最基本的管件如图1所示。其中：

用来改变流向的管件有：90°弯头、45°弯头、回弯头。

（1）用来接支管的管件有：三通管、十字管。

（2）改变管径的管件有：异径管（大小头）、补芯（内外牙、内外丝）。

（3）用来堵塞管路的管件有：管帽、管塞。

（4）用来延长管路的管件有：内牙管、法兰、活管接。

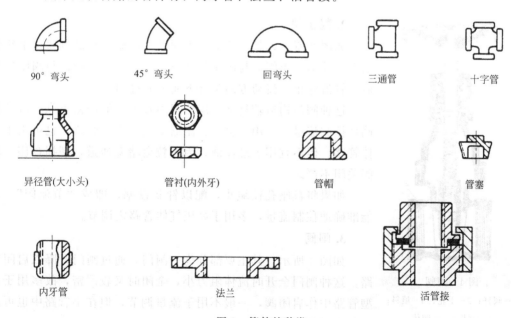

图1　管件的种类

三、常用阀门的种类及用途

阀门是启闭或调节管内流量的部件，种类繁多，最基本的有下列数种。

1. 旋塞阀门

如图 2 所示，其主要部分为一可转动的圆锥形旋塞，旋塞中有孔道，当旋塞转至一定角度时，孔道与管路联通，流体即经孔道而过，当旋塞转至 90°时管流完全停止。

这种阀门因为构造简单，启闭迅速，流体阻力小，因此可用于气体及悬浮液的输送。但因为其不能精确调节流量，故多用于全开、全关的场合。此外，还因为旋塞的边较直、旋转比较困难（如果太斜又易被冲出），故多用在小直径的管路中。

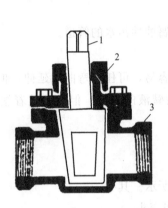

图 2　旋塞阀门

1—阀杆；2—填料；3—阀体

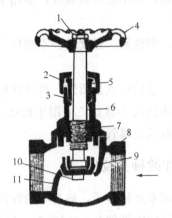

图 3　截止阀

1—手轮螺母；2—填函盖螺母；3—填料；
4—手轮；5—填函盖；6—阀杆；
7—阀盖；8—阀体；9—盘座；
10—阀盘螺母；11—阀盘

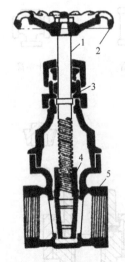

图 4　闸阀

1—阀杆；2—手轮；3—填料；
4—闸板；5—阀体

2. 截止阀

如图 3 所示，其主要部分为阀盘与阀座，阀盘可通过手轮使之上下移动。当阀盘与阀座分开时，管流即通；阀盘与阀座接触后，管流停止，流动方向是自下而上通过阀座。

这种阀门构造较复杂，流体阻力较大，但严密可靠，可较精确地控制流量，常用于蒸汽、压缩空气与真空管路，也可用于液体管路。但不宜用于悬浮液，因颗粒会堵塞通道，磨损盘座，使阀关闭不严。

如果将盘座孔径缩小，配以针状盘塞，即成"节流阀"，它能准确地控制流量，多用于高压气体管路之调节。

3. 闸阀

如图 4 所示，其主要部分为一闸门，通过闸门升降以启闭管路。这种闸门全开时流体阻力小，全闭时又较严密，故多用于大型管路中作启闭阀，一般不用于流量调节，但在小管路中也可用它作为调节阀。

4. 球阀

与旋塞类似，但阀芯是球形，启闭方便，制作简单，应用日益广泛。

5. 止逆阀（单向阀）

止逆阀是一种根据阀前、阀后的压力差而自动启闭的阀门。它的作用是使介质只作一定方向的流动，而阻止其逆向流动。

根据阀门结构的不同，止逆阀可分升降式和摇板式，见图5。升降式止逆阀的阀体与截止阀相似，但阀盘上有导杆，可以在阀座的导向套筒内自由升降。当介质自左向右流动时，能推开阀盘而流动；流动方向相反时，则阀盘下降，截断通路。安装升降式止回阀时，应水平安装，以保证阀盘升降灵活与工作可靠。

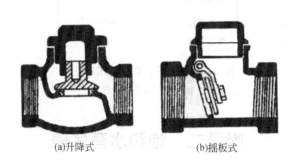

(a)升降式　　(b)摇板式

图5　止逆阀

摇板式止逆阀利用摇板来启闭。安装时，注意介质的流向（箭头方向），只要保证摇板的旋转轴呈水平，即可装在水平或垂直的管道上。

四、管子的联接

一般管子都有一定的长度，因此管路铺设中一定涉及管子的联接问题，常用联接方法有以下3种。

1. 螺纹联接

小直径管如水煤气管常用这种联接法，这时要借助于内牙管、活接或法兰。活接和法兰只在考虑管子需要装拆时才安装，前者多用于小管，后者多用于2in以上的管路。

2. 插套联接

多用于铸铁管、水泥管和陶瓷管中。

3. 焊接联接

即将管子直接焊接，但在需要装拆之处也可装上法兰（法兰焊于管上）。这种联接简单、便宜、牢固且严密，多用于无缝钢管、有色金属管等。

五、管子、管件的图示符号

常用管子、管件的图示符号如图6所示。

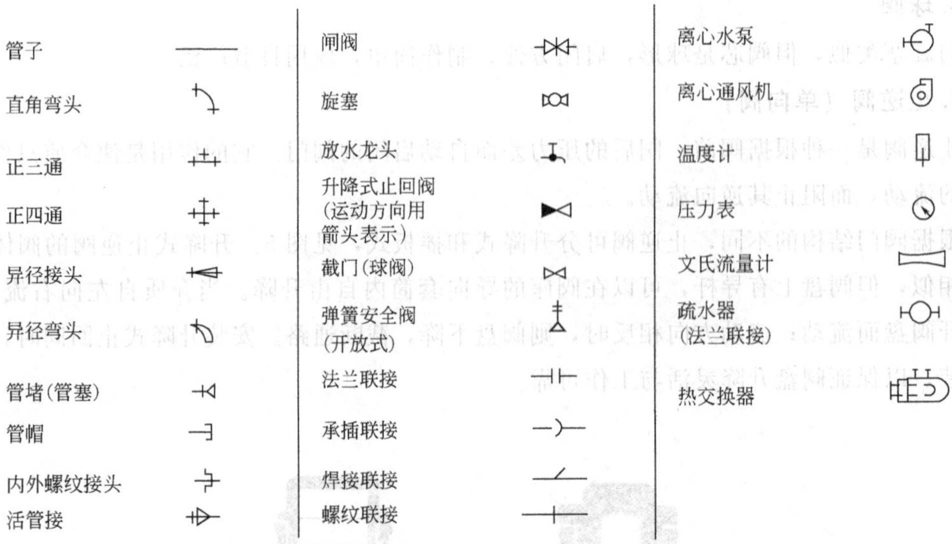

管子	——	闸阀	⋈	离心水泵	
直角弯头		旋塞		离心通风机	
正三通		放水龙头		温度计	
正四通		升降式止回阀 (运动方向用 箭头表示)		压力表	
异径接头		截门(球阀)		文氏流量计	
异径弯头		弹簧安全阀 (开放式)		疏水器 (法兰联接)	
管堵(管塞)		法兰联接		热交换器	
管帽		承插联接			
内外螺纹接头		焊接联接			
活管接		螺纹联接			

图 6　常见管子、管件的图示符号

注：管件、阀门除声明外均为螺纹连接符号

附录二　饱和水蒸气表

温度 /℃	绝对压力 /kPa	蒸汽的比体积 /(m³/kg)	蒸汽的密度 /(kg/m³)	焓(液体) /(kJ/kg)	焓(蒸汽) /(kJ/kg)	气化热 /(kJ/kg)
0	0.6082	206.5	0.00484	0	2491.3	2491.3
5	0.8730	147.1	0.00680	20.94	2500.9	2480.0
10	1.2262	106.4	0.00940	41.87	2510.5	2468.6
15	1.7068	77.9	0.01283	62.81	2520.6	2457.8
20	2.3346	57.8	0.01719	83.74	2530.1	2446.3
25	3.1684	43.40	0.02304	104.68	2538.6	2433.9
30	4.2474	32.93	0.03036	125.60	2549.5	2423.7
35	5.6207	25.25	0.03960	146.55	2559.1	2412.6
40	7.3766	19.55	0.05114	167.47	2568.7	2401.1
45	9.5837	15.28	0.06543	188.42	2577.9	2389.5
50	12.340	12.054	0.0830	209.34	2587.6	2378.1
55	15.744	9.589	0.1043	230.29	2596.8	2366.5
60	19.923	7.687	0.1301	251.21	2606.3	2355.1
65	25.014	6.209	0.1611	272.16	2615.6	2343.2
70	31.164	5.052	0.1979	293.08	2624.4	2315.7
75	38.551	4.139	0.2416	314.03	2629.7	2315.7
80	47.379	3.414	0.2929	334.94	2642.4	2307.3
85	57.875	2.832	0.3531	355.90	2651.2	2295.3

续表

温度 /℃	绝对压力 /kPa	蒸汽的比体积 /(m³/kg)	蒸汽的密度 /(kg/m³)	焓(液体) /(kJ/kg)	焓(蒸汽) /(kJ/kg)	气化热 /(kJ/kg)
90	70.136	2.365	0.4229	376.81	2660.0	2283.1
95	84.556	1.985	0.5039	397.77	2668.8	2271.0
100	101.3	1.675	0.5970	418.68	2677.2	2258.4
105	120.85	1.421	0.7036	439.64	2685.1	2245.5
110	143.31	1.212	0.8254	460.97	2693.5	2232.4
115	169.11	1.038	0.9635	481.51	2702.5	2221.0
120	198.64	0.893	1.1199	503.67	2708.9	2205.2
125	232.19	0.7715	1.296	523.38	2713.5	2193.1
130	270.25	0.6693	1.494	546.38	2723.9	2177.6
135	313.11	0.5831	1.715	565.25	2731.2	2166.0
140	361.47	0.5096	1.962	589.08	2737.8	2148.7
145	415.72	0.4469	2.238	607.12	2744.6	2137.5
150	476.24	0.3933	2.543	632.21	2750.7	2118.5
160	618.28	0.3075	3.252	675.75	2762.9	2087.1
170	792.59	0.2431	4.113	719.29	2773.3	2054.0
180	1003.5	0.1944	5.145	763.25	2782.6	2019.3
190	1255.6	0.1568	6.378	807.63	2790.1	1982.5
200	1554.8	0.1276	7.840	825.01	2795.5	1943.5
210	1917.7	0.1045	9.567	897.23	2799.3	1902.1
220	2320.9	0.0862	11.600	942.45	2801.0	1858.5
230	2798.6	0.07155	13.98	988.50	2800.1	1811.6
240	3347.9	0.05967	16.76	1034.56	2796.8	1762.2
250	3977.7	0.04998	20.01	1081.45	2790.1	1708.6

附录三 干空气的物理性质（101.33kPa）

温度 /℃	密度 /(kg/m³)	比热容 /[kJ/(kg·℃)]	热导率 $\lambda \times 10^2$ /[W/(m·℃)]	黏度 $\mu \times 10^5$/Pa·s	普朗特数 Pr
−50	1.584	1.013	2.035	1.46	0.728
−40	1.515	1.013	2.117	1.52	0.728
−30	1.453	1.013	2.198	1.57	0.723
−20	1.395	1.009	2.279	1.62	0.716
−10	1.342	1.009	2.360	1.67	0.712

续表

温度 /℃	密度 /(kg/m³)	比热容 /[kJ/(kg·℃)]	热导率 $\lambda \times 10^2$ /[W/(m·℃)]	黏度 $\mu \times 10^5$/Pa·s	普朗特数 Pr
0	1.293	1.005	2.442	1.72	0.707
10	1.247	1.005	2.512	1.77	0.705
20	1.205	1.005	2.593	1.81	0.703
30	1.165	1.005	2.675	1.86	0.701
40	1.128	1.005	2.756	1.91	0.699
50	1.093	1.005	2.826	1.96	0.698
60	1.060	1.005	2.896	2.01	0.696
70	1.029	1.009	2.966	2.06	0.694
80	1.000	1.009	3.047	2.11	0.692
90	0.972	1.009	3.128	2.15	0.690
100	0.946	1.009	3.210	2.19	0.688
120	0.898	1.009	3.338	2.29	0.686
140	0.854	1.013	3.489	2.37	0.684
160	0.815	1.017	3.640	2.45	0.682
180	0.779	1.022	3.780	2.53	0.681
200	0.746	1.026	3.931	2.60	0.680
250	0.674	1.038	4.288	2.74	0.677
300	0.615	1.048	4.605	2.97	0.674
350	0.566	1.059	4.908	3.14	0.676
400	0.524	1.068	5.210	3.31	0.678
500	0.456	1.093	5.745	3.62	0.687
600	0.404	1.114	6.222	3.91	0.699
700	0.362	1.135	6.711	4.18	0.706
800	0.329	1.156	7.176	4.43	0.713
900	0.301	1.172	7.630	4.67	0.717
1000	0.277	1.185	8.041	4.90	0.719
1100	0.257	1.197	8.502	5.12	0.722
1200	0.239	1.206	9.153	5.35	0.724

附录四 水的物理性质

温度 /℃	饱和蒸气压 /kPa	密度 /(kg/m³)	焓 /(kJ/kg)	比热容 /[kJ/(kg·℃)]	热导率 $\lambda \times 10^2$/[W/(m·℃)]	黏度 $\mu \times 10^5$/ Pa·s	体积膨胀系数 $\beta \times 10^4$/(1/℃)	表面张力 $\sigma \times 10^5$/(N/m)	普朗特数 Pr
0	0.6082	999.9	0	4.212	55.13	179.21	−0.63	75.6	13.66
10	1.2262	999.7	42.04	4.191	57.45	130.77	+0.70	74.1	9.52
20	2.3346	998.2	83.90	4.183	59.89	100.50	1.82	72.6	7.01
30	4.2474	995.7	125.69	4.174	61.76	80.07	3.21	71.2	5.42
40	7.3766	992.2	167.51	4.174	63.38	65.60	3.97	69.6	4.32
50	12.34	988.1	209.30	4.174	64.78	54.94	4.49	67.7	3.54
60	19.923	983.2	251.12	4.178	65.94	46.88	5.11	66.2	2.98
70	31.164	977.8	292.99	4.187	66.76	40.61	5.70	64.3	2.54
80	47.379	971.8	334.94	4.195	67.45	35.65	6.32	62.6	2.22
90	70.136	965.3	376.98	4.208	68.04	31.65	6.95	60.7	1.96
100	101.33	958.4	419.10	4.220	68.27	28.38	7.52	58.8	1.76
110	143.31	951.0	461.34	4.238	68.50	25.89	8.08	56.9	1.61
120	198.64	943.1	503.67	4.220	68.62	23.73	8.64	54.8	1.47
130	270.25	934.8	546.38	4.266	68.62	21.77	9.17	52.8	1.36
140	361.47	926.1	589.08	4.287	68.50	20.10	9.72	50.7	1.26
150	476.24	917.0	632.20	4.312	68.38	18.63	10.3	48.6	1.18
160	618.28	907.4	675.33	4.346	68.27	17.36	10.7	46.6	1.11
170	792.59	897.3	719.29	4.379	67.92	16.28	11.3	45.3	1.05
180	1003.5	886.9	763.25	4.417	67.45	15.30	11.9	42.3	1.00
190	1255.6	876.0	807.63	4.460	66.99	14.42	12.6	40.0	0.96
200	1554.77	863.0	852.43	4.505	66.29	13.63	13.3	37.7	0.93
210	1917.72	852.8	897.65	4.555	65.48	13.04	14.1	35.4	0.91
220	2320.88	840.3	943.70	4.614	64.55	12.46	14.8	33.1	0.89
230	2798.59	827.3	990.18	4.681	63.73	11.97	15.9	31	0.88
240	3347.91	813.6	1037.49	4.756	62.80	11.47	16.8	28.5	0.87
250	3977.67	799.0	1085.64	4.844	61.76	10.98	18.1	26.2	0.86
260	4693.75	784.0	1135.04	4.949	60.48	10.59	19.7	23.8	0.87
270	5503.99	767.9	1185.28	5.070	59.96	10.20	21.6	21.5	0.88
280	6417.24	750.7	1236.28	5.229	57.45	9.81	23.7	19.1	0.89
290	7443.29	732.3	1289.95	5.485	55.82	9.42	26.2	16.9	0.93
300	8592.94	712.5	1344.80	5.736	53.96	9.12	29.2	14.4	0.97
310	9877.6	691.1	1402.16	6.071	52.34	8.83	32.9	12.1	1.02

续表

温度 /℃	饱和蒸气压 /kPa	密度 /(kg/m³)	焓 /(kJ/kg)	比热容 /[kJ/(kg·℃)]	热导率 λ×10²/[W/(m·℃)]	黏度 μ×10⁵/Pa·s	体积膨胀系数 β×10⁴/(1/℃)	表面张力 σ×10⁵/(N/m)	普朗特数 Pr
320	11300.3	667.1	1462.03	6.573	50.59	8.3	38.2	9.81	1.11
330	12879.6	640.2	1526.19	7.243	48.73	8.14	43.3	7.67	1.22
340	14615.8	610.1	1594.75	8.164	45.71	7.75	53.4	5.67	1.38
350	16538.5	574.4	1671.37	9.504	43.03	7.26	66.8	3.81	1.60
360	18667.1	528.0	1761.39	13.984	39.54	6.67	109	2.02	2.36
370	21040.9	450.5	1892.43	40.319	33.73	5.69	264	0.471	6.80

附录五　镍铬-镍硅热电偶分度表

分度号 E　　　　　　　　　　　　　　　　　　　　　　　　　　　　　　　单位：μV

温度/℃	0	10	20	30	40	50	60	70	80	90
0	0	591	1192	1801	2419	3047	3683	4329	4983	5646
100	6317	6996	7683	8377	9078	9787	10501	11222	11949	12681
200	13419	14161	14909	15661	16417	17178	17942	18710	19481	20256
300	21033	21814	22579	23383	24171	24961	25754	26549	27345	28143
400	28943	29744	30546	31350	32155	32960	33767	34574	35382	36190
500	36999	37808	39426	40236	41045	41853	42662	43470	44278	45085
600	45085	45891	46697	47502	48306	49109	49911	50713	51513	52312
700	5311	53907	54703	55498	56291	57873	57873	58663	59451	60237
800	61022	61806	62588	63368	64147	64924	65700	66473	67245	68015
900	68783	69549	70313	71075	71835	72593	73350	74104	74857	75608
1000	76358									

附录六　铂电阻分度表

分度号　Pt100，$R(0℃)=100.00Ω$　　　　　　　　　　　　　　　　　　　　单位：Ω

温度/℃	0	1	2	3	4	5	6	7	8	9
−30	88.22	87.83	87.43	87.04	86.64	86.25	85.85	85.46	85.06	84.67
−20	92.16	91.77	91.37	90.98	90.59	90.19	89.80	89.40	89.01	88.62
−10	96.09	95.69	95.30	94.91	94.52	94.12	93.73	93.34	92.95	92.55
0	100.00	99.61	99.22	98.83	98.44	98.04	97.65	97.26	96.87	96.48

续表

温度/℃	0	1	2	3	4	5	6	7	8	9
0	100.00	100.39	100.78	101.17	101.56	101.95	102.34	102.73	103.13	103.51
10	103.90	104.29	104.68	105.07	105.46	105.85	106.24	106.63	107.02	107.40
20	107.79	108.18	108.57	108.96	109.35	109.73	110.12	110.51	110.90	111.28
30	111.67	112.06	112.45	112.83	113.22	113.61	113.99	114.38	114.77	115.15
40	115.54	115.93	116.31	116.70	117.08	117.47	117.85	118.24	118.62	119.01
50	119.40	119.78	120.16	120.55	120.93	121.32	121.70	122.09	122.47	122.86
60	123.24	123.62	124.01	124.39	124.77	125.16	125.54	125.92	126.31	126.69
70	127.07	127.45	127.84	128.22	128.60	128.98	129.37	129.75	130.13	130.51
80	130.89	131.27	131.66	132.04	132.42	132.80	133.18	133.56	133.94	134.32
90	134.70	135.08	135.46	135.84	136.22	136.60	136.98	137.36	137.74	138.12
100	138.50	138.88	139.26	139.64	140.02	140.39	140.77	141.15	141.53	141.91
110	142.29	142.66	143.04	143.42	143.80	144.17	144.55	144.93	145.31	145.68
120	146.06	146.44	146.81	147.19	147.57	147.94	148.32	148.70	149.07	149.45
130	149.82	150.20	150.57	150.95	151.33	151.70	152.08	152.45	152.83	153.20
140	153.58	153.95	154.32	154.70	155.07	155.45	155.82	156.19	156.57	156.94
150	157.31	157.69	158.06	158.43	158.81	159.18	159.55	159.93	160.30	160.67
160	161.04	161.42	161.79	162.16	162.53	162.90	163.27	163.65	164.02	164.39
170	164.76	165.13	165.50	165.87	166.24	166.61	166.98	167.35	167.72	168.09
180	168.46	168.83	169.20	169.57	169.94	170.31	170.68	171.05	171.42	171.79
190	172.16	172.53	172.90	173.26	173.63	174.00	174.37	174.74	175.10	175.47
200	175.84	176.21	176.57	176.94	177.31	177.68	178.04	178.41	178.78	179.14
210	179.51	179.88	180.24	180.61	180.97	181.34	181.71	182.07	182.44	182.80
220	183.17	183.53	183.90	184.26	184.63	184.99	185.36	185.72	186.09	186.45
230	186.82	187.18	187.54	187.91	188.27	188.63	189.00	189.36	189.72	190.09
240	190.45	190.81	191.18	191.54	191.90	192.26	192.63	192.99	193.35	193.71
250	194.07	194.44	194.80	195.16	195.52	195.88	196.24	196.60	196.96	197.33
260	197.69	198.05	198.41	198.77	199.13	199.49	199.85	200.21	200.57	200.93
270	201.29	201.65	202.01	202.36	202.72	203.08	203.44	203.80	204.16	204.52
280	204.88	205.23	205.59	205.95	206.31	206.67	207.02	207.38	207.74	208.10
290	208.45	208.81	209.17	209.52	209.88	210.24	210.59	210.95	211.31	211.66

附录七 乙醇-水溶液平衡数据（p= 101.325kPa）

液相组成		气相组成		沸点/℃	液相组成		气相组成		沸点/℃
质量分数	摩尔分数	质量分数	摩尔分数		质量分数	摩尔分数	质量分数	摩尔分数	
2.00	0.79	19.7	8.76	97.65	50.00	28.12	77.0	56.71	81.90
4.00	1.61	33.3	16.34	95.80	52.00	29.80	77.5	57.41	81.70
6.00	2.34	41.0	21.45	94.15	54.00	31.47	78.0	58.11	81.50
8.00	3.29	47.6	26.21	92.60	56.00	33.24	78.5	58.78	81.30
10.00	4.16	52.2	29.92	91.30	58.00	35.09	79.0	59.55	81.20
12.00	5.07	55.8	33.06	90.50	60.00	36.98	79.5	60.29	81.00
14.00	5.98	58.8	35.83	89.20	62.00	38.95	80.0	61.02	80.85
16.00	6.86	61.1	38.06	88.30	64.00	41.02	80.5	61.61	80.65
18.00	7.95	63.2	40.18	87.70	66.00	43.17	81.0	62.52	80.50
20.00	8.92	65.0	42.09	87.00	68.00	45.41	81.6	63.43	80.40
22.00	9.93	66.6	43.82	86.40	70.00	47.74	82.1	64.21	80.20
24.00	11.00	680	45.41	85.95	72.00	50.16	82.8	65.34	80.00
26.00	12.08	69.3	46.90	85.40	74.00	52.68	83.4	66.28	79.85
28.00	13.19	70.3	48.08	85.00	76.00	55.34	84.1	67.42	79.72
30.00	14.35	71.3	49.30	84.70	78.00	58.11	84.9	68.76	79.65
32.00	15.55	72.1	50.27	84.30	80.00	61.02	85.8	70.29	79.50
34.00	16.77	72.9	51.27	83.85	82.00	64.05	86.7	71.86	79.30
36.00	18.03	73.5	52.04	83.70	84.00	67.27	87.7	73.61	79.10
38.00	19.34	74.0	52.68	83.40	86.00	70.63	88.9	75.82	78.85
40.00	20.68	74.6	53.46	83.10	88.00	74.15	90.1	78.00	78.65
42.00	22.07	75.1	54.12	82.65	90.00	77.88	91.3	80.42	78.50
44.00	23.51	75.6	54.80	82.50	92.00	81.83	92.7	83.26	78.30
46.00	25.00	76.1	55.48	82.35	94.00	85.97	94.2	86.40	78.20
48.00	26.53	76.5	56.03	82.15	95.57	89.41	95.57	89.41	78.15

附录八 乙醇-水溶液相对密度表

乙醇质量分数/%	10℃	15℃	20℃	25℃	30℃	35℃	40℃
0	0.99973	0.99913	0.99823	0.99708	0.99568	0.99406	0.99225
1	0.99785	0.99725	0.99636	0.99520	0.99379	0.99217	0.99034
2	0.99602	0.99542	0.99453	0.99336	0.99194	0.99031	0.98846
3	0.99426	0.99365	0.99275	0.99157	0.99014	0.98819	0.98663
4	0.99258	0.99195	0.99103	0.98984	0.98839	0.98672	0.98485

续表

乙醇质量分数/%	10℃	15℃	20℃	25℃	30℃	35℃	40℃
5	0.99098	0.99032	0.98938	0.98817	0.98670	0.98501	0.98311
6	0.98946	0.98877	0.98780	0.98656	0.98507	0.98335	0.98142
7	0.98801	0.98729	0.98627	0.98500	0.98347	0.98172	0.97975
8	0.98650	0.98584	0.98478	0.98346	0.98189	0.98009	0.97808
9	0.98524	0.98442	0.98331	0.98193	0.98031	0.97846	0.97641
10	0.98394	0.98304	0.98187	0.98043	0.97875	0.97685	0.97475
11	0.98267	0.98171	0.98047	0.97897	0.97723	0.97527	0.97312
12	0.98145	0.98041	0.97910	0.97753	0.97573	0.97271	0.97150
13	0.98026	0.97914	0.97775	0.97611	0.97424	0.97215	0.96989
14	0.97911	0.97790	0.97643	0.97472	0.97278	0.97063	0.96820
15	0.97800	0.97669	0.97514	0.97334	0.97133	0.96911	0.96670
16	0.97692	0.97552	0.97387	0.97199	0.96990	0.96769	0.96512
17	0.97583	0.97433	0.97259	0.97062	0.96844	0.96607	0.96352
18	0.97473	0.97313	0.97129	0.96923	0.96697	0.96452	0.96189
19	0.97363	0.97191	0.96997	0.96782	0.96547	0.96294	0.96023
20	0.97252	0.97068	0.96864	0.96639	0.96395	0.96134	0.95856
21	0.97139	0.96944	0.96729	0.96495	0.96242	0.95973	0.95687
22	0.97024	0.96818	0.96592	0.96348	0.96087	0.95809	0.95516
23	0.96907	0.96689	0.96453	0.96198	0.95929	0.95643	0.95343
24	0.96787	0.96558	0.96312	0.96048	0.95769	0.95476	0.95168
25	0.96665	0.96424	0.96168	0.95895	0.95607	0.95306	0.94991
26	0.96539	0.96287	0.96020	0.95738	0.95442	0.95133	0.94810
27	0.96406	0.96144	0.95867	0.95570	0.95272	0.94955	0.94625
28	0.96268	0.95996	0.95710	0.95410	0.95098	0.95774	0.95438
29	0.96125	0.95844	0.95548	0.95241	0.94922	0.94590	0.94248
30	0.95977	0.95686	0.95382	0.95067	0.94741	0.94403	0.94055
31	0.95823	0.95524	0.95212	0.94890	0.94557	0.94214	0.93860
32	0.95665	0.95357	0.95038	0.94709	0.94370	0.94021	0.94662
33	0.95502	0.95186	0.94860	0.94525	0.94180	0.93825	0.93461
34	0.95334	0.95011	0.94679	0.94337	0.93986	0.93626	0.93257
35	0.95162	0.94832	0.94494	0.94146	0.93790	0.93425	0.93051
36	0.94986	0.94650	0.94306	0.93952	0.93591	0.93221	0.92843
37	0.94805	0.94464	0.94114	0.93756	0.93390	0.93016	0.92634
38	0.95620	0.94273	0.93919	0.93556	0.93186	0.92808	0.92422
39	0.95431	0.94097	0.93720	0.93353	0.92979	0.92597	0.92208
40	0.94238	0.93882	0.93518	0.93148	0.92770	0.92385	0.91992
41	0.94042	0.93682	0.93314	0.92940	0.92558	0.92170	0.91774

续表

乙醇质量分数/%	10℃	15℃	20℃	25℃	30℃	35℃	40℃
42	0.93842	0.93478	0.93107	0.92729	0.92314	0.91952	0.91554
43	0.93639	0.93271	0.92897	0.92516	0.92128	0.91733	0.91332
44	0.93433	0.93062	0.92685	0.92301	0.91910	0.91513	0.91108
45	0.93226	0.92852	0.92472	0.92085	0.91692	0.91291	0.90884
46	0.93017	0.92640	0.92257	0.91868	0.91472	0.91069	0.90660
47	0.92806	0.92426	0.92041	0.91649	0.91250	0.90845	0.90434
48	0.92593	0.92211	0.91823	0.91429	0.91628	0.90621	0.90207
49	0.92379	0.91995	0.91604	0.91258	0.90805	0.90396	0.89979
50	0.92162	0.91776	0.91384	0.90985	0.90580	0.90168	0.89750
51	0.91943	0.91555	0.91160	0.90760	0.90353	0.89940	0.89519
52	0.91723	0.91333	0.90926	0.90534	0.90125	0.89710	0.89288
53	0.91502	0.91110	0.90711	0.90307	0.89806	0.89479	0.89056
54	0.91279	0.90885	0.90485	0.90079	0.89667	0.89248	0.88823
55	0.91055	0.90659	0.90258	0.89850	0.89437	0.89016	0.88589
56	0.90831	0.90433	0.90031	0.89621	0.89206	0.88784	0.88356
57	0.90607	0.90207	0.89803	0.89392	0.88975	0.88552	0.88122
58	0.90381	0.89980	0.89574	0.89162	0.88744	0.88319	0.87888
59	0.90154	0.89752	0.89344	0.88931	0.89512	0.88085	0.87653
60	0.89927	0.89523	0.89113	0.88699	0.88278	0.87854	0.87417
61	0.89698	0.89293	0.88882	0.88466	0.88044	0.87615	0.87180
62	0.89468	0.89062	0.88650	0.88233	0.87809	0.87379	0.86943
63	0.89237	0.88836	0.88417	0.87998	0.87574	0.87142	0.86705
64	0.89006	0.88597	0.88183	0.87763	0.87337	0.86905	0.86466
65	0.88784	0.88364	0.87948	0.87527	0.87100	0.86667	0.86227
66	0.88541	0.88130	0.87703	0.87291	0.86863	0.86429	0.85987
67	0.88308	0.87895	0.87477	0.87054	0.85625	0.86190	0.85747
68	0.88074	0.87669	0.87241	0.86817	0.86387	0.85950	0.85507
69	0.87839	0.87424	0.87004	0.86579	0.86148	0.85710	0.85266
70	0.87602	0.87187	0.86766	0.86340	0.85908	0.85470	0.85025
71	0.87365	0.86940	0.86527	0.86100	0.85667	0.85228	0.84783
72	0.87127	0.86710	0.86287	0.85859	0.85426	0.84986	0.84540
73	0.86888	0.86470	0.86047	0.85618	0.85146	0.84743	0.84397
74	0.86648	0.86229	0.85806	0.85376	0.84941	0.84500	0.84053
75	0.86408	0.85988	0.85564	0.85134	0.84698	0.84257	0.83809
76	0.86168	0.85747	0.85622	0.84891	0.84455	0.84013	0.83564
77	0.85927	0.85505	0.85079	0.84467	0.84211	0.83768	0.83302
78	0.85685	0.85262	0.84835	0.84403	0.83966	0.83523	0.83074

续表

乙醇质量分数/%	10℃	15℃	20℃	25℃	30℃	35℃	40℃
79	0.85442	0.85018	0.84590	0.84158	0.83720	0.83277	0.82827
80	0.85197	0.84772	0.84344	0.83911	0.93473	0.83029	0.82578
81	0.84950	0.84525	0.84096	0.83664	0.83224	0.82780	0.82329
82	0.84702	0.84277	0.83848	0.83415	0.82974	0.82530	0.82079
83	0.84453	0.84028	0.83599	0.83164	0.82724	0.82279	0.81828
84	0.84203	0.83777	0.83348	0.82913	0.82473	0.82027	0.81576
85	0.83951	0.83525	0.83095	0.82660	0.82220	0.81774	0.81322
86	0.83697	0.83271	0.82840	0.82405	0.81965	0.51900	0.06700
87	0.83441	0.83014	0.82583	0.82148	0.81708	0.81262	0.80811
88	0.83181	0.82754	0.82323	0.81888	0.81448	0.81003	0.80552
89	0.82919	0.82492	0.82052	0.81626	0.81186	0.80742	0.80291
90	0.82654	0.82227	0.81797	0.81362	0.80922	0.80478	0.80028
91	0.82386	0.81959	0.81529	0.81094	0.80655	0.80211	0.79761
92	0.82114	0.81688	0.81257	0.80823	0.80384	0.79941	0.79491
93	0.81839	0.81413	0.80983	0.80549	0.80111	0.79669	0.79220
94	0.81561	0.81134	0.80705	0.80272	0.79835	0.79393	0.78947
95	0.81278	0.80852	0.80424	0.79991	0.79555	0.79114	0.78670
96	0.80991	0.80566	0.80138	0.79706	0.79271	0.78831	0.78398
97	0.80698	0.80274	0.79846	0.79415	0.78981	0.78542	0.78100
98	0.80399	0.79975	0.79547	0.79117	0.78684	0.78247	0.77806
99	0.80094	0.79670	0.79243	0.78814	0.78382	0.77916	0.77507
100	0.79784	0.79560	0.78934	0.78506	0.78075	0.77641	0.77203

参考文献

[1] 厉玉鸣.化工仪表及自动化[M].6版.北京：化学工业出版社，2018.

[2] 俞金寿，孙自强.过程自动化及仪表[M].3版.北京：化学工业出版社，2019.

[3] 孙自强.过程测控技术及仪表装置[M].北京：化学工业出版社，2017.

[4] 柴诚敬，张国亮.化工原理（上册）-化工流体流动与传热[M].3版.北京：化学工业出版社，2020.

[5] 贾绍义，柴诚敬.化工原理（下册）-化工传质与分离过程[M].3版.北京：化学工业出版社，2020.

[6] 李云雁，胡传荣.试验设计与数据处理[M].3版.北京：化学工业出版社，2017.

[7] 袁峰，李凯，张晓琳.误差理论与数据处理[M].2版.哈尔滨：哈尔滨工业大学出版社，2020.

[8] 郭翠丽.化工原理实验[M].北京：高等教育出版社，2013.

[9] 赵秋萍，李春雷.化工原理实验[M].成都：西南交通大学出版社，2014.

[10] 居沈贵，夏毅，吴文良.化工原理实验[M].北京：化学工业出版社，2020.

[11] 贾广信.化工原理实验[M].北京：化学工业出版社，2019.

[12] 都健，王瑶，王刚.化工原理实验[M].北京：化学工业出版社，2017.

[13] 马江权，魏科年，韶晖，冷一欣.化工原理实验.2版.[M].上海：华东理工大学出版社，2011.

[14] 伍钦，邹华生，高桂田.化工原理实验.3版.[M].广州：华南理工大学出版社，2014.

[15] 杨祖荣.化工原理实验.2版.[M].北京：化学工业出版社，2014.